ファインマン, ゴットリーブ, レイトン
戸田盛和, 川島協 訳

岩波書店

ファインマン流
物理がわかるコツ〔増補版〕

FEYNMAN'S TIPS ON
PHYSICS
Reflections, Advice, Insights, Practice
A problem-solving supplement to *The Feynman Lectures on Physics*

FEYNMAN'S TIPS ON PHYSICS
Reflections, Advice, Insights, Practice
A problem-solving supplement to *The Feynman Lectures on Physics*
by Richard P. Feynman, Michael A. Gottlieb, and Ralph Leighton
with a memoir by Matthew Sands

Copyright © 2013 by Carl Feynman, Michelle Feynman, Michael A. Gottlieb,
Ralph Leighton

First published 2013 in the United States by Basic Books,
a member of the Perseus Books Group.
This Japanese edition published 2015
by Iwanami Shoten, Publishers, Tokyo
by arrangement with Perseus Books, Inc., Boston, Massachusetts,
through Tuttle-Mori Agency, Inc., Tokyo

第2版への序

『ファイマン流物理がわかるコツ』の最初の版(Addison-Wesley版, 2006年)を出版してからの6年の間,『ファインマン物理学』の副読本としての本書への関心は少しも衰えることなく続いています．このことは，この計画に併せて作った『ファインマン物理学ウェブサイト』(www.feynmanlectures.info)へのアクセス数が増え続けていることからもわかります．何千もの問合せがありましたが，その中には『ファインマン物理学』に誤りがあるのではないかという問合せも多くあり，また物理の練習問題についての質問やコメントも多く寄せられました．

そうした背景を踏まえ，この『ファインマン流物理がわかるコツ』の第2版の出版ができることはわれわれにとって大変な喜びであると同時に誇りでもあります．第2版はBasic Books社から出版されましたが，これは長い間いくつかの出版社に分かれていた『ファインマン物理学』の版権がらみの印刷物，音声物，写真類に関する権利を一元化したためです．これを祝して『ファインマン物理学』(新世紀版)が，初めてLaTeX原稿から印刷組版する形で現在進行中です．LaTeX原稿から印刷することにより，誤植の修正ははるかに速くなりました．また，『ファイマン物理学』の電子版もまもなくでき上がります．

さらに，この『ファインマン流物理がわかるコツ』は以前のハードカバーからソフトカバーに変わって大幅に廉価になり求めやすくなりましたし，また，『ファインマン物理学』についての洞察に富んだ次の3つのインタビューも加わりました．

* リチャード・ファインマンに対して，あのプロジェクトの中核を担った直後の1966年におこなわれたインタビュー
* ロバート・レイトンに対して，ファインマンの講師としての天賦の才能と，「ファインマン語」から英語への翻訳というある種の挑戦について訊いた1986年のインタビュー

＊ローカス・ヴォクトに対して，実際に『ファインマン物理学』コースをカルテクでどう教授連が教えたのかについて訊いた 2009 年のインタビュー

　最後になりましたが，『ファインマン物理学』や『ファインマン流物理がわかるコツ』について，質問やコメントのメールをくださったり，ブログに書き込みをしてくださったりした方々に心から感謝の意を表します．皆さんの助言やご支援は，これらの本をより良いものにするのに大いに役立ち，今後の読者にも大いに感謝されるものと信じます．また，さらなる問題集を刊行してほしいと要望された方々には，申し訳ないのですが，今回の出版にはかないませんでした．しかし，ご要望にお応えして新しく，包括的な『ファインマン物理学問題集』を出版する運びとなりました．

　2012 年 11 月

マイケル・A. ゴットリーブ
ラルフ・レイトン

まえがき

　もうかなり前のことである．ヒマラヤ山地の人気のない国境の警備に当たっていたラマサワミ・バラサブラマニアン氏は双眼鏡を通してチベットに駐留している人民解放軍の兵士たちを見つめていた，かれらも逆に望遠鏡でかれのことを見ている．インドと中国の間の緊張は 1962 年に問題の国境で両国間で銃撃が交わされて以来数年にわたって高まっていた．人民解放軍の兵士は自分たちが見られているのを承知の上で，挑戦的に『毛沢東語録』——西側諸国では"毛の小さな赤本"として知られていた——を高く振りかざしてラマサワミ・バラサブラマニアン氏やかれの仲間のインド兵士たちをあざけっていた．

　バラサブラマニアン氏は当時徴兵されていて，余暇には物理を勉強していたのだが，まもなくそんなあざけりにはうんざりしてきた．そこである日，かれはうまいお返しを用意して国境の監視所に来た．そして，人民解放軍の兵士が"毛の小さな赤い本"を空に高く振りかざし始めると，かれともう二人の仲間のインド兵は『ファインマン物理学』の赤い大きな本を 3 冊とりだして高々と掲げた．

　あるときわたしはバラサブラマニアン氏から手紙をもらった．かれからの手紙は，わたしがこれまで長年の間にもらった何百という手紙の中でもリチャード・ファインマンが人々に与えた影響についてとくによく伝えていた．印・中前線での"赤い本"の出来事について語った後で，かれは"さて，あれから 20 年，だれの書いた赤本がいまだに読まれているのだろうか？"と書いている．実際のところ，出版されてから 40 年以上たった今日でも，『ファインマン物理学』は読まれ——そして刺激を与え——つづけている．きっと，チベットででもそうだろう．

　ここで一つ特別な話がある：数年前にわたしはあるパーティでマイケル・ゴットリーブに会った．トゥバ(ロシア連邦のなかの共和国の名前)の喉声歌手がライブで歌って，その歌声の倍音を計算機のスクリーン上に映し出して

いる——こういうイベントがあるのがサンフランシスコでの生活を楽しくさせてくれる——というようなパーティだった．ゴットリーブは数学を学んだ人で，物理にたいへん興味をもっていた．そこでわたしはかれに『ファインマン物理学』を読むことをすすめた．それからほぼ1年後，かれは人生の6ヵ月間を費やして『ファインマン物理学』を始めから終わりまで非常に注意深く読み，こうして最終的にはいまみなさんが読んでいる本書と，もうひとつ『ファインマン物理学』の"決定版"とができたのである．

　というわけで，本書が加わったことにより，世界中の物理学に興味を持つ人たちが，ニューヨークの街中にいる人であろうが，ヒマラヤの高地にいる人であろうが，より正しい，より完全な『ファインマン物理学』シリーズ——今後何十年間にもわたって学生に知識を与え，刺激を与えつづけるであろう不朽の名作——を学ぶことができるようになったことを無上の喜びとするものです．

　　2005年5月11日

　　　　　　　　　　　　　　　　　　　　　　　　　ラルフ・レイトン

　［訳注］　ここでいう"決定版"とは，原書出版社であるAddison-Wesley社が出版した『ファインマン物理学』の最新版を指す．ただし，この版はゴットリーブ氏が指摘した誤植などを修正しただけのもので内容に変化が生じたわけではない．また，その誤植のほとんどは，すでに日本語版では修正済みで，したがって決定版の日本語訳はない．

序文──刊行によせて

わたしがはじめてリチャード・ファインマンとラルフ・レイトンのことを知ったのは，かれらの『ご冗談でしょう，ファインマンさん』という面白い本を読んだときでした．わたしはあるパーティでラルフに会って，それから友達付き合いをするようになったのですが，その次の年われわれは一緒にファインマンの名誉をたたえるための記念切手[1]のデザインをしたのです．その間ずっとラルフはわたしに読んでみるようにと，ファインマンが書いた本，あるいはファインマンについて書いてある本をすすめてくれました．その中には（わたしはコンピューター・プログラマーなので）『ファインマン計算機科学』[2]もありました．この素晴らしい本に書かれていた量子力学の計算法について，わたしはたいへん興味をそそられたのですが，量子力学の知識がないわたしには話についていけないところがあったのです．そのときラルフはわたしに『ファインマン物理学』シリーズの「量子力学」の巻を読むようにすすめてくれたのです．

そしてわたしは読みはじめました．しかし「量子力学」の第 1, 2 章は第 I 巻の第 37, 38 章から再録したものだったので，第 I 巻の関係部分に戻ることになってしまい，そして，結局は『ファインマン物理学』を初めから終わりまですべてを読むことにしました．量子力学も少々勉強することにしました．しかしときがたつにつれて，その目的は二次的なものになってきて，むしろファインマンの魅惑の世界のほうに次第にとりこまれていきました．物理学を学ぶ喜び，学ぶことそれ自身が楽しみになり，すべてに優先するようになったのです．わたしはそれにはまってしまいました！　第 I 巻を半分ほど進

リチャード・ファインマン　1962年

んだときわたしはプログラミングを休んで6ヵ月間コスタリカの郊外で『ファインマン物理学』の勉強に専念しました．

　毎日午後になると新しい講義の部分を勉強し，物理の問題集をやって，次の日の午前中に復習をし，また前日読んだ講義の誤植の校正もしました．わたしはラルフとEメールのやりとりをしていたのですが，わたしが第I巻で誤植に気づいたと言ったら，かれは引き続き誤植を調べ続けるようにといってきたのです．第I巻には誤植が少なかったので，これはたいした問題ではなかったのですが，しかし第II，III巻と進むにしたがって誤植が次第に多くなっていくので困ってしまいました．最終的には全部で170もの誤植を『ファインマン物理学』の中にみつけたのです．ラルフとわたしは驚きました，どうしてこんなに長い間こんなに多くの誤植が見逃されてきたのだろう？　誤植を直すために次の版が出るまでに何をやれるか，われわれはもう少し見まもることにしました．

　そのときわたしはファインマンの書いた序文に面白い文章があるのに気がついたのです．「いろいろの問題をどうやって解くかということに関する講義はしなかったが，これは，演習の時間があるからである．1年目に，どうやって問題を解くかという講義を3回したのだけれども，それはこの本に入っていない．また慣性航法についても講義が1回あって，これは回転系の講義のあとにつづくものであるが，しかしこれは残念ながら省いた．」

　このことから，失われた講義を補い，再編集してみて，もしそれらが興味深いものであったら，それを『ファインマン物理学』のより完全な，誤植を訂正した版にとりいれて出版するよう，カルテク（カリフォルニア工科大学）とアディソン-ウェスレイ社に提案してみようと考えるようになりました．

　しかしそれにはまず未収録の講義録を探し出さなければならないのですが，

---

1) 1999年に出された，『Back TUVA Future』という，トゥバの名ホーメイ（喉声）歌手オンダァールとファインマンの特別出演のCD（Warner Bros. 9 47131-2）の付録冊子にわれわれの記念切手は掲載されている．
2) Richard P. Feynman著『Feynman Lectures on Computation』，Anthony J. G. Hey and Robin W. Allen編，1996, Addison-Wesley, （邦訳）原康夫，中山健，松田和典訳，『ファインマン計算機科学』，岩波書店，1999．

わたしはまだコスタリカにいました．ちょっとした推理を働かせ調査した結果，ラルフは講義ノートを見つけることができました．これは以前，かれの父の研究室とカルテクの書庫の間のどこかで行方がわからなくなっていたものです．ラルフはまた失われた講義の録音テープも手にいれました．一方，カリフォルニアに帰ったわたしは書庫で正誤表を調べているときに偶然にもいろいろな写真のネガが入れてあった箱の中から講義のときの黒板の写真（長いことなくしてしまったと思われていた）をみつけだしました．ファインマンの遺族の方々はこれらの資料を使うことを好意的に許可してくださり，おかげで，ファインマン-レイトン-サンズの三人組のただ一人の生存者であるマシュー・サンズのよい論評もそえて，ラルフとわたしは『改訂版 B』を試作品として作って，それを『ファインマン物理学』の正誤表とともにカルテクとアディソン-ウェスレイ社に届けたのです．

アディソン-ウェスレイ社はたいへん前向きに受け取ってくれたのですが，カルテクははじめのうち消極的でした．そこでラルフはカルテクの理論物理学のリチャード・ファインマン教授職にあるキップ・ソーン教授に相談したところ，かれはすべての関係者の相互理解をとりつけてくれたうえ，内容について監修もしてくれたのです．カルテクは歴史的な理由から現在の『ファインマン物理学』の修正を望んでいなかったので，ラルフは抜けていた講義を別の本として出版することを提案しました．これが本書のもととなったものです．本書は同時に，わたしが気がついたものの他，多くの読者から寄せられた誤植もまとめて修正して新しく出された『ファインマン物理学(決定版)』とあわせて出版されることになりました．

マシュー・サンズの回顧録について

4つの講義を再現しようというわれわれの努力のなかで，ラルフとわたしにはいくつかの質問がありました．これについては，この意欲的なプロジェクト『ファインマン物理学』の生みの親，マシュー・サンズ教授から答えを聞くことができて幸いでした．ところで，この講義の成立由来があまり知られていないのには驚かされたのですが，その部分を補うのに今回の出版計画はちょうどよい機会であると考えたサンズ教授は『ファインマン物理学』の

成立についての回顧録を書いて，本書にいれることを快く引き受けてくれました．

本書に収録した「4つの講義」について

　われわれがマシュー・サンズ氏から聞いたことですが，ファインマンのカルテク新入生物理学講義の最初の学期[3]が終わりに近づいた1961年12月のこと，学期末試験のほんの2, 3日前に新しい内容の話をするのは学生が可哀そうだ，ということになった．そこで，ファインマンは学期末試験の前の週に選択として新しい内容の入らない補習の講義を3回やったというのです．この補習講義は授業にうまくついていけない学生を念頭においたもので，物理の問題の理解の仕方，解き方といった点に重きをおいたものでした．このときの例題として扱われたもののいくつかは歴史的に面白いもので，ラザフォードによる原子核の発見や，パイ中間子の質量の決定などがありました．ファインマンはかれの独特なひとの心を見る力から，別の種類の問題の解決法についても論じています．この問題は少なくとも新入生クラスの半数の学生にとってはだいじな問題，すなわち自分自身が平均以下であるということに気がつくというだいじな心理的な問題であります．

　4番目の講義「力学的効果とその応用」は新入生の講義の二学期目の初めの部分で行なわれたのですが，これは学生が冬休みから帰って間もない時期にあたります．もともとこれは「21番講義」として計画され，「力学」の巻の第18章から20章にかけての回転に関する理論的な，難しい話からすこし休んで，学生たちに回転に関連した何か面白い応用や現象の話を，"学生たちを楽しませるためだけ"にやるという考えでした．講義の大半は1962年当時比較的新しい話であった慣性航法の実用的技術に関するものでした．講義のほかの部分は回転に関連する自然現象についてのものだったのですが，それとともにファインマンがなぜ『ファインマン物理学』からこの講義がはぶかれたことについて"残念ながら"と言っているのか，その理由の一端が

---

[3] カルテクの授業は三学期に分かれている　一学期は9月から12月初めまで，二学期は1月初めから3月初めまで，三学期は3月末から6月初めまでである．

わかるような示唆に富んだ内容を含んでいます．

「講義のあとで」の収録について

　ファインマンは講義が終わった後もマイクロフォンのスイッチを切らないでおくことが多かったので，これは講義の後でのファインマンと学部生とのやりとりを知るうえでたいへん参考になりました．また，「力学的効果とその応用」の講義のうしろに録音されていたものは 1962 年での実時間計算のアナログからディジタルへの転換期の初期の様子が論じられており，ことに興味深いものです．

「演習問題」について

　この出版計画を進める中でラルフはかれの父親のよき友人であり同僚でもあったローカス・ヴォクト氏と連絡を取ることができましたが，かれはロバート・レイトンと一緒に 1960 年代に『ファインマン物理学』のために特別につくった『初等物理問題集』を再出版することを快諾してくれました．紙数の制限から「力学」の巻の第 1 章から 20 章(「力学的効果とその応用」の前までの内容)までの演習問題を選ぶことにしました．これはロバート・レイトンの言葉をかりれば，"数値的にも解析的にも単純でありながら，内容に鋭さがあって啓発的である"ものを選び出したことになります．

本書に関係するウェブサイトについて

　この本ならびに『ファインマン物理学』については www.feynmanlectures.info を参考にしてほしい．

　　　プラヤ・タマリンド，コスタリカにて

マイケル・ゴットリーブ
mg@feynmanlectures.info

謝　辞

　この本の出版を可能にしてくださった関係者の皆さんに心からお礼を申しあげます．とくに，トーマス・トムブレロ(物理，数学，天文学部門の主任)，氏にはカルテクを代表して，この計画を許可していただいた．カール・ファインマンとミシェル・ファインマン(リチャード・ファインマンの相続人)氏にはかれらの父の講義録の一部をこの本として出版することを許可していただいた．マシュー・サンズ氏にはかれの知恵と，知識と，建設的な意見と示唆をいただいた．マイケル・ハートル氏には原稿の細心な校正と『ファインマン物理学』の正誤表にかかわる入念な作業をしていただいた．ローカス・E・ヴォクト氏は『初等物理問題集』の巧みな問題および解答を作成し，そしてそれらをこの本に記載することを認めていただいた．ジョン・ニーア氏には，ヒューズエアクラフト社にあって，ファインマンの講義録を熱心に収録し，それらをわれわれと分かち合っていただいた．ヘレン・タック(ファインマンの長年にわたる秘書)氏には激励と支持をいただいた．アダム・ブラック(アディソン-ウェスレイ社の物理科学編集部編集長)氏には，この本を出版するに当たっての熱心な辛抱強い支持をしていただいた．そして，キップ・ソーン氏には，好意とたゆまざる努力によりすべての関係者の信頼と支持をえると同時に，われわれの作業の流れのお世話をしていただいた．

目　次

第 2 版への序

まえがき

序文——刊行によせて

1　これだけは知っていてほしい 1
　　——物理が苦手な学生のための補講 A

2　法則と直観 33
　　——物理が苦手な学生のための補講 B

3　さまざまな問題とその解 69
　　——物理が苦手な学生のための補講 C

4　力学的効果とその応用 97
　　——物理が苦手な学生のための補講 D

5　演習問題 143

《付録》
『ファインマン物理学』は
いかにして生まれたか(マシュー・サンズ) 165

ファインマンへのインタビュー 183

レイトンへのインタビュー 193

ヴォクトへのインタビュー 201

　演習問題解答　　209

　訳者あとがき　　213

　索　　引　　215

[Photo credits]

Page vii, Feynman circa 1962, (photographer unknown) courtesy of Ralph Leighton

Page 44, Jean Ashton Rare Book and Manuscript Library, Butler Library, Sixth Floor Columbia University, 535 West 114th Street, New York, NY 10027

Page 94, Physics Department, University of Bristol

Page 108, California Institute of Technology

1
これだけは知っていてほしい
物理が苦手な学生のための補講 A

1-1 補講への序文

　これ以後にのべる 3 回の補講[1]は退屈なものになります．われわれがすでにならったものをもう一度くりかえすだけで，新しいものはなんにもありません．だから，こんなに大勢の学生がここにいるのをみてびっくりです．正直に言って，もっと少ないことを望んでいたのに．こんな講義なんか必要がないことを願っていたくらいです．

　この時期に正規の講義から離れてゆっくりと補講などをしてみようというのは，君たちにすこし考える時間を与えたほうがいいかなと思ったからです．ここで，一度どこかで聞いたことがあるようなことをいろいろな角度から思い出し考えてみるのもいい．これが物理学を学ぶには断然効果的な方法なのです．ただ教室へ入ってきて補習の講義を聴くだけではだめですよ．自分自身で考えながら補講をやりとげるのがいいんです．だから，前もってひとこと忠告しておきます．もし君たちが途方にくれているとか，まったく朦朧として混乱しているということがないとすれば，こんな補講など忘れてしまい，何ものにもとらわれずにもっと自分が興味のもてることを探し出すほうがいい．まさにいろいろと考えを巡らしてみたくなるような問題――たとえば話には聞いたけどなんだかさっぱりわからないもの，あるいはもっとよく分析してみたいもの，あるいは何かそれについてやってみたいと思うようなもの

---

[1] すべての脚注は著者たち(ファインマンを除く)，編集者，あるいは関係者からのコメントである．

——というような問題を自分自身で見つけだすことのほうが，はるかに役に立ち，また簡単だし，しかもより完璧な勉強になる——これが何かを習うときの最良の方法なのです．

　これまでやってきた講義は新しい内容だったし，あらかじめ準備された問題に答えられるように計画されたものです．もちろん，どうやって物理学を教えればいいのか，教育すればいいのか，だれにもわかりません——それが事実です．いま行なわれている教え方が気に入らないとしたら，それはまったく自然なことでしょう．満足のいくように教えるのは不可能です．何百年もの間，もっとかもしれない，多くの人がどうやって教えるかについて悩んできました．そしてまだだれもその方法をみつけていないのです．したがってこの新しい講義のこころみが不満足なものだとしても，とくにめずらしい話ではないのです．

　カルテクでは少しでもよいものにしようと授業のやり方をいつも変えてきました．そして今年もまた物理の授業のやり方を変えてみたのですが，これまでに寄せられた不満のひとつにトップクラスに近い学生には力学の講義はつまらないというものがありました．問題を解いたり，復習をしたり，試験を受けたりしてやたらに勉強させられるけれど，何かについて考えたりする時間などまったくなかった．興奮させられるようなところは何もなく，現代物理学との関連についての説明といったようなものもなかった，というものです．そこでこの一連の講義ではその点をある程度改善して，そうした諸君の悩みを軽くするとともに，講義の内容にわれわれの住む宇宙との関連なども採り入れて，できることなら，講義をもっと面白いものにしたいと考えたわけです．

　その反面で，この方法は多くの人たちを惑わせるという欠点もあります．多くの学生は何を学んだらいいのかわからない——というよりは，かれらには全部はとても学びきれないほどたくさんやることがあって，そこへもってきて，何が面白いのか，またなんでそればっかりやらなければならないのかを判断できるほどの知力もないからです．

　というわけで，講義がわけがわからない，めんどくさくて，いらいらして，何を勉強すればいいのか，なんか迷子になってしまったというような諸君に

僕はいま話しかけています．迷子になったと感じない諸君はここにいてもらう必要はない．そういう人はこの教室から出ていっていいですよ……[2]．

だれもその勇気がないらしい．まてよ，「全員」が迷子になってしまっているとしたら，僕のこれまでの講義はなんだったんだろう．あるいは僕は大失敗をしたのかもしれない．（もしかして君たちはただ娯楽番組をみるようなつもりでここにきているんじゃないだろうね．）

1-2　底辺から見たカルテク

さて，いま君たちのうちのひとりが僕の研究室に入ってきてこう言ったと想像してみよう．"ファインマン先生，わたしは先生の講義を全部聞きました，あの中間試験も受けました，そしていま問題集をやろうとしていますが，でもどれもできないんです．ということは，自分がクラスのどん底にいるんだと思うのですが，どうしていいのかわからないんです．"

僕はここで君たちになんて言うだろうか？

僕がまず指摘するのはこうだ：カルテクに来るということはある意味でたいへん名誉な素晴らしいことだ．一方，別な面では逆なこともあるが，そんな誇りに思えることをみんな知っていたはずなのに，いまや忘れてしまっている．それはこの学校が素晴らしい名声を受け，またその名声に十分値する学校であるということに関係している．たいへんよい授業も行なわれている（この物理の授業自体については僕はなんとも言えない．もちろん，僕自身の意見があるにはあるが）．ところでもう一方，カルテクを卒業して出ていった人たち，すなわち産業界へいった人たちや，研究所で働くようになった人たちなどはみなここでたいへんよい教育を受けたと言う．そしてほかの大学へいった人たちと自分自身を比べて（ほかにもたいへんよい大学はたくさんあるけれども）けっして引けを取ったことはないし，おくれをとったこともないと言う．かれらはいつもいちばんいい大学へいったと感じている．これは素晴らしい．

しかし，カルテクがたいへん良い評判をえているがゆえに不利な点もあり

---

[2]　だれも出ていかなかった．

ます．だいたい高校で1番か2番の生徒がみなここを受験する．高校はたくさんある．そのうち一番優秀なものだけが試験を受ける[3]．そこでわれわれとしては，さまざまな試験をやり，最優秀の中からさらに最優秀なものを選びだす選抜方式を考えだそうとした．そうやって君らはこうしたすべての高校の中から厳選されてここに来たのです．しかしそれでもまだ，われわれはよりよい方法がないか探しているのです．それは，たいへん深刻な問題のあることがわかったからなんです．どんなに注意深く入学者を選んでも，どんなに辛抱強く分析をしても学生がここに入ってくると何かが起こる．「かれらのほぼ半数は平均より下ということがいつも起こるんです！」

　もちろん諸君はこの話を聞いて笑うでしょう，理性的に考えれば当たり前の話だからです，しかし感情的にはそうは受けとれない——気持ちの問題となるとこれを笑うわけにはいかなくなるのです．高校の科学のクラスで1番とか2番とか(3番なんていうのもいるかもしれないが)いつも言われて過ごしてきたところへ，そしてまた諸君のいた高校の科学のクラスで平均以下の生徒はまったくとるに足らない人間であると思っていたところへ，いま突然「君たち自身」が平均以下であるということに気がつくのです．——それも，諸君の半数がそうなのです——これはたいへんな衝撃です．ともかく，それは諸君の高校時代によくいた，とるに足らない連中とおなじなんだということを相対的な話とはいえ意味するからです．これはカルテクの大きな欠点です．この心理的衝撃に耐えるのはむずかしい．もちろん僕は心理学者ではありません．いま言ったことはみな僕の想像であります．ほんとうはどうなのか僕自身にももちろんよくわかりません！

　そこで問題は，自分が平均より下だと気がついたときにどうするかです．2つの可能性があります．まず，1つはむずかしくて耐えられないからもうここから出ることにしよう——これは感情的な問題ですね．一方，理性を働かせて，僕がいま君たちに指摘したようなことを自分自身に言い聞かせることもできます．すなわち，ここにいるもののうち半数は，ほんとうはトップクラスであるにもかかわらず平均以下である．ということは別にどうでもい

---

[3]　1961年には男子学生のみカルテクに入学できた．

いではないか，というようなぐあいにです．そしてこの無意味な奇妙な感じを4年間こらえて君たちが一般社会へもどってみると，世の中はむかしと変わらないのです．たとえば，どこかに就職したとしよう．そうすると君たちはまた「1番」です．工場においてはみんなが何かあると君らのところへとんでくるという，優秀な人間としての優越感を覚えることになる．たとえば，かれらがインチ単位をセンチメートル単位に換算できないようなときにです！　これは本当のことです．産業界へいった人，あるいは物理学で高い評判を得ていないような小さな学校へいった人は，たとえここでクラスの下のほうの3分の1，5分の1，10分の1の中にいたにしても，やたらに頑張ろうとさえしなければ（それについてはすぐあとで説明する），自分が世の中から強く望まれている人間であるとやがてわかるようになります．その人はしあわせにも「第1人者」として元の世界へもどれるのです．

　一方，まちがいをおかす場合もあります．人によっては「1番」にならなきゃだめとばかりにしゃにむに頑張ろうとします．そして，いろいろ問題があるにもかかわらず，クラスでのどん底からはじめて大学院へ進んで最高の博士号をとろうとする，この最高の大学においてです．まあ，そうなるとたいがいは失望して，これからさき一生みじめな思いをしながら過ごすはめになります．ともかくつねに第1級のグループのどん底にいることになるからなんですが，自分でそのグループを選んだのだからやむを得ないでしょう．これは問題ではありますが，君たち次第，すなわち君たちの性格次第です．（ところでいいかね，僕はいま研究室にたずねてきたいちばん下の10分の1に属する学生と話をしている．ほかのたまたま上の10分の1に属しているご機嫌な学生と話をしているのではないのです——そういう学生はどのみちそう大勢はいません！）

　さてそこで，もし君たちがこの心理的衝撃に耐えられるならば——たとえば，自分自身に対して"僕は下から3分の1のクラスにいる．だけど3分の1の連中がこの仲間にはいるんだ，そりゃあ「そうなる理屈」なんだ！　僕は高校では1番だったし，いまだって僕は秀才君なんだ．わが国は科学者を必要としているし，僕はその科学者になろうとしている．いまに見ていろ，この大学を出たらまたうまくいくさ，なにくそ！　僕は「立派な」科学者に

なってみせるぞ"——こう言えるならば，ほんとうにそうなる．立派な科学者になります．要するにこの4年間，理性的に考えれば当たり前の話なのですが，いま言ったような気持ちのゆれに耐えられるかどうかということです．この気持ちのゆれに耐えられなかったら，いちばんいい方法はどこかよそへ行くことだと思う．それは失敗したということではない．単に気持ちの上の話なのです．

　君たちがクラスで下から1，2番の成績であっても，それはまったくどうしようもないという意味ではない．このカルテクのようなおかしな人間の集団とではなく，もっと適当な人たちと君たち自身を比べるべきなのです．というわけで，僕はこの補講を，途方にくれている学生のために，もう少しここに踏みとどまってこれから先もやっていけるかどうかの判断をするチャンスを与えたいと思ってやることにしたのです．いいですか？

　もうひとつ忠告しておくことがあります．それはこの講義は試験の準備とか，そういった種類のものではないということです．僕は試験のことは何も知りません．僕は試験問題にはかかわっていないので，試験に何が出るか知りません．試験に出る問題がここでやったものだけから出るとか，あるいはなんとかから出るとかいったことについてはまったく保証のかぎりではないですから，そのつもりでいてください．

1-3　物理学のための数学

　というわけで，さっきの学生は僕の研究室に入ってきて，僕が教えたことのすべてをすっきりとさせて欲しいといってきたのですが，これが僕のやれる精一杯のところなんです．問題は，いま教室で教えられていることをわかるように説明しなければならないということなので，復習からはじめます．

　この学生にはこう言います．"まず勉強しなければならないのは数学だ．それには微積分が含まれる．そして微積分ではまっさきに，微分だ"と．

　ところで，数学は美しい学問ではありますが，いろいろ面白いところも，つまらないところもあったりします．しかしわれわれは「物理学を勉強するため」に最低限必要なものだけを選び出します．したがってここでとっている態度は，効率だけを念頭に置いたもので，数学に対しては"たいへん失礼

な"ものです．が，別に数学そのものをおとしめようというつもりはありません．

いま，やろうとしていることは3足す5がいくつであるか，5掛ける7がいくつであるかというくらいの感じで微分をすることができるように学習することです．というのは，この種の操作にはしょっちゅう出会うことになるからで，そのたびにまごつかないようにするためです．何か式を書いたときには何も考えずに，また間違いなく，それを微分できるようでなければなりません．

この種の操作をいつもやらなければならないことにいずれ気がつきます．これは物理学の分野だけでなくあらゆる科学の分野でそうです．したがって微分は，君たちが代数を勉強する以前に算数を習わなければならないように，前もって習いおぼえておかなくてはならないものなのです．

ところで，代数についても同じことがいえます：じつは代数にもいろいろある．君たちは眠っていても，逆立ちしたって，間違いなく代数式を扱うことなんかやれるぐらいに思うかもしれないが，ところがそうはいかない．だから君たちはつねに代数式も勉強していなければならない．いろいろな式を自分で書いてみて，練習をしなければならないのです．もちろん間違ってはいけない．

代数や，微分，積分での間違いほどつまらないものはない．あれは物理学をまどわすだけです．それにせっかく何かを解析しようとしている君たちの心をもまどわすもとになります．計算はできるだけ速く，間違いは最小限にしてやれるようにしなければならない．そのために必要なことはくり返しの練習しかない．それが唯一の方法なのです．それはちょうど君たちが小学生のときにかけ算の表でやったように：数をたくさんならべて，それ暗記だ！"これ掛けるあれ，これ掛けるあれ"などなど——とん！ とん！ とん！とやったあれと同じ調子です．

1-4 微　分

微分についても同じように，勉強しなければなりません．まず，カードを作りなさい．そして，カードの上に次のような一般的な式をいくつか書いて

みよう．たとえば，

$$1+6t$$
$$4t^2+2t^3$$
$$(1+2t)^3 \qquad (1.1)$$
$$\sqrt{1+5t}$$
$$(t+7t^2)^{1/3}$$

などです．これらを，たとえば10個ほど書いてみてください．そして，そのカードをときどきポケットから出してみては，指で式をなぞりながら，その導関数を(声を出して)言いなさい．

ということは，見ただけでただちに次のようなことが言えるようにならなければならないのです．

$$\frac{d}{dt}(1+6t) = 6 \qquad よーし！$$
$$\frac{d}{dt}(4t^2+2t^3) = 8t+6t^2 \qquad よーし！ \qquad (1.2)$$
$$\frac{d}{dt}(1+2t)^3 = 6(1+2t)^2 \qquad よーし！$$

てな具合です．したがってまずやるべきことは，導関数をどう暗記するかということです．余計なことは考えずにともかくやる．これはどうしても練習して身につけなければならないことなのです．

さて，もっと複雑な式を微分するにはどうするか．足し算の微分は簡単です．足し算のそれぞれ独立した項の導関数の和をとりさえすればよいのです．この物理のコースではいまのところ上に掲げた表現，あるいはそれらの和より複雑なものの微分の仕方は知らなくてもいいですから，この本の目的からして，本当はこれ以上の深入りをすべきではありません．

とは言うものの，かなり複雑な式を微分するうまいやり方があるので，ここで紹介しておきます．このやり方は微積分の授業では通常は僕がここで教えるような形では教えません．しかしこのやり方は，じつのところたいへん役に立つ．この方法を教える人は他にいないでしょうから，この方法についてあとで習うということはまずないと思います．しかし，このやり方を知っていることはたいへんいいことです．

1.4 微分

さていま，次のようなものを微分したいとしよう：

$$\frac{6(1+2t^2)(t^3-t)^2}{\sqrt{t+5t^2}(4t)^{3/2}} + \frac{\sqrt{1+2t}}{t+\sqrt{1+t^2}}. \tag{1.3}$$

そこで，問題はどうやって「手っ取り早く」やるかですが，手っ取り早くやるには次のようにすればよい．（これは単なる約束ごとに過ぎない．この問題にやっとなんとかかじりついているような君たちの手に負えるようなレベルにまで，僕がかみくだいた数学といえる．）まあ，見ていたまえ！

与えられた式をもう一度書き，それぞれの独立した足し算の項の後ろに角括弧をつける：

$$\frac{6(1+2t^2)(t^3-t)^2}{\sqrt{t+5t^2}(4t)^{3/2}} \cdot \Big[$$
$$+ \frac{\sqrt{1+2t}}{t+\sqrt{1+t^2}} \cdot \Big[\tag{1.4}$$

次に，その角括弧の中に何かを書き込んでいって，最終的に最初に与えられた式の導関数を得られるようにしようというわけだ．（だから，途中でわからなくならないように，いま与えられた式をふたたび書いたのは式のオチこぼれがないようにするためです．）

さて，まず各項をよく見てから，横棒すなわち分数の分母と分子を分ける線を 1 本引く．そして最初に入る項は $1+2t^2$ で，これは分母に入る．この項の指数が分数の線の前につく（この場合，指数は 1）．そしてその項の導関数は（われわれのこれまでの学習からすぐにわかって），$4t$ であってそれが分子に入る．これで，1 つの項ができたわけです．

$$\frac{6(1+2t^2)(t^3-t)^2}{\sqrt{t+5t^2}(4t)^{3/2}} \cdot \Big[1\frac{4t}{1+2t^2}$$
$$+ \frac{\sqrt{1+2t}}{t+\sqrt{1+t^2}} \cdot \Big[\tag{1.5}$$

（ところで 6 はどうした？ それは，かまうことはない！ 前についている数字は関係ない．もしあえて何かやってみたいのなら，"6 がまず分母に入って，その指数 1 が前にきて，その導関数 0 が分子にきて"，ということになるだけの話．）

次の項については，t^3-t が分母にゆき，その指数 $+2$ が前につく．そして導関数 $3t^2-1$ は分子にゆく．その次の項では，$t+5t^2$ は分母にゆき，指数，$-1/2$（平方根の逆数は負の $1/2$ 乗である）が前に，そして導関数 $1+10t$ が分子にゆく．さらにその次の項では，$4t$ は分母に行き，その指数 $-3/2$ は前につき，そして導関数 4 は分子にいく．そこで，角括弧を閉じる．これが足し算項の第 1 項です：

$$\frac{6(1+2t^2)(t^3-t)^2}{\sqrt{t+5t^2}(4t)^{3/2}} \cdot \left[1\frac{4t}{1+2t^2} + 2\frac{3t^2-1}{t^3-t} - \frac{1}{2}\frac{1+10t}{t+5t^2} - \frac{3}{2}\frac{4}{4t}\right]$$
$$+ \frac{\sqrt{1+2t}}{t+\sqrt{1+t^2}} \cdot \Big[\hspace{10em} (1.6)$$

次の足し算項の第 1 項は，指数は $+1/2$ です．われわれが指数をとる対象としている表現は $1+2t$ なのでその導関数は 2 です．次の項，$t+\sqrt{1+t^2}$ の指数は -1（これは逆数だから）．この項は分母にゆく．そしてその導関数は（他と比べてここだけが，ちょっとむずかしいが）2 つの部分から成っている．それは，$1+\dfrac{1}{2}\dfrac{2t}{\sqrt{1+t^2}}$ というように 2 つの部分の和だからです．さてそこで，角括弧を閉じると：

$$\frac{6(1+2t^2)(t^3-t)^2}{\sqrt{t+5t^2}(4t)^{3/2}} \cdot \left[1\frac{4t}{1+2t^2} + 2\frac{3t^2-1}{t^3-t} - \frac{1}{2}\frac{1+10t}{t+5t^2} - \frac{3}{2}\frac{4}{4t}\right]$$
$$+ \frac{\sqrt{1+2t}}{t+\sqrt{1+t^2}} \cdot \left[\frac{1}{2}\frac{2}{(1+2t)} - 1\frac{1+\dfrac{1}{2}\dfrac{2t}{\sqrt{1+t^2}}}{t+\sqrt{1+t^2}}\right] \hspace{3em} (1.7)$$

となります．

これが最初の式 (1.3) の導関数です．だから，この方法を覚えておけば何でも微分することができるということがわかるでしょう．もっとも sin, cos, log などは別なのですが，それらについても操作を簡単にできます．そうすれば，この方法は tan（タンジェント）やその他さまざまなものを含んでいる式にも使うことができるのです．

ところで，僕が最初の式を書いたときに，君たちがなんともめんどくさそうな式だなと思ったことに気がついた．しかし，いまや君たちはこれが複雑ではあるものの，微分の本当に強力な手法だということに気がついている

と思う．問題がどんなに複雑なものであろうとも，ともかくただちに答えをポンと出してくれる素晴らしい方法だ．

この方法の基本になっている考え方のミソは t の関数 $f = k \cdot u^a \cdot v^b \cdot w^c \cdots$ の導関数は次のようなものであるということです．

$$\frac{df}{dt} = f \cdot \left(a\frac{du/dt}{u} + b\frac{dv/dt}{v} + c\frac{dw/dt}{w} + \cdots \right) \qquad (1.8)$$

（ここで $k, a, b, c, \cdots$ は定数である．）

この物理のコースではこんなに複雑な問題に出会うことはないと思うので，これを実際に使う機会はないかもしれない．しかし，いずれにしても僕はこうやって微分をやるんですが，なかなかうまいもんでしょう．以上，ま，こんなところです．

1-5 積　分

さて，微分の逆が積分です．微分のときと同じようにできるだけ素早く積分できるようにならなければなりません．積分は微分ほどやさしくはないが，簡単な式の積分については頭の中でやれるようでなくてはいけない．ただし，どんな表現でも積分できるようになる必要はない．たとえば，$(t+7t^2)^{1/3}$ というようなものは簡単に積分することができない．しかし，次に示すようなものは簡単です．したがって積分の仕方を練習するときは，簡単にできるようなものを選ぶように注意しなければならないのです．

$$\begin{aligned}
\int (1+6t)dt &= t+3t^2 \\
\int (4t^2+2t^3)dt &= \frac{4t^3}{3}+\frac{t^4}{2} \\
\int (1+2t)^3 dt &= \frac{(1+2t)^4}{8} \\
\int \sqrt{1+5t}\,dt &= \frac{2(1+5t)^{3/2}}{15} \\
\int (t+7t^2)^{1/3}dt &= ???
\end{aligned} \qquad (1.9)$$

微積分については，これ以上になにもいうことはありません．あとは君たち

次第です．君たちは微分と積分の練習を積まなければならない．それにもちろん代数もです．代数は式(1.7)のような表現に慣れるのに必要なんです．こうして，面倒くさくても代数と微積分をやる——これがまずやらねばならないことなのです．

1-6　ベクトル

　われわれに関係しているほかの純粋に数学的な科目としてはベクトルがあります．君たちはまずベクトルとは何かについて知らなければなりません．もしベクトルがどんなものかという感じがつかめなかったらどうしようもないので，ともかく君たちにとってどこがわかりにくいのかが僕にわかるまで，くり返していろいろやってみます——そうしなければうまく説明することなどできるわけがない．

　ところで，ベクトルとはすなわち，何かをある「方向に押す」ということのようなもの，あるいはどちらかの「方向をもったスピード」のようなもの，あるいはある「方向への動き」のようなものです．そしてそれは紙の上にはその方向を持った1本の矢印で表わされます．

　たとえば，何かに働いている1つの力はその力の働いている方向を向いた1本の矢印で表わします．そして，矢の長さで力の大きさを表わす．そのときの大きさの尺度は任意です．しかし，その尺度は問題に関係しているすべての力に共通のものでなければなりません．もし，2倍の強さを持った別の力があれば，それは2倍の長さの矢印で表わすことになります(図1-1参照)．

　さて，こういったベクトルを使ってやれることがいくつかあります．もしある物体に同時に働いている2つの力があったとする——たとえば，2人の人が何か物を押しているとしよう——そうするとその押している力は F, F'

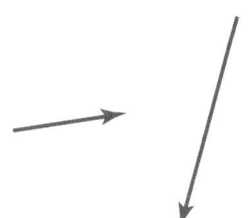

図1-1　2つの矢印で表わされた2個のベクトル．

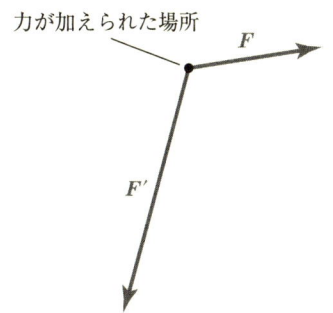

図1-2　1点に2つの力がかかっている場合の表現.

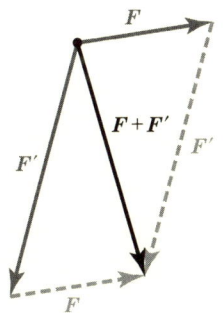

図1-3　"平行四辺形法"によるベクトルの加算.

という2つの矢印で表わすことができる．ところで，実際にはベクトルの位置そのものは一般的にはあまり意味のないものなのですが，このような図を書くとき，矢印の尾（はじめの部分）を力が加えられた場所として表現すると多くの場合好都合です（図1-2参照）．

それらの力が結局どういう合力になるか，すなわちそれらの力の総和を知ることは，ベクトルの和を求めることと同じなのです．それは，1つのベクトルの矢印の頭（先端部分）にもう1つのベクトルの尾を繋ぐことによって描けます（ベクトルは動かした後でも，同じ方向と同じ長さを持っているから，同じベクトルであることに変わりはない）．

さて，$F+F'$ は図1-3に示すように，F の尾から，F' の頭へ引いたベクトル（あるいは F' の尾から F の頭へ引いたベクトル）ということになります．なお，このようなベクトルの加え方は"平行四辺形法"と呼ばれることがあります．

一方，いまある物体に2つの力が働いているとしよう．しかし，われわれ

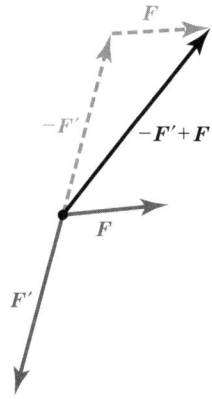

図 1-4 ベクトルの減算，第 1 の方法．

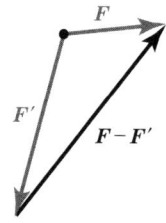

図 1-5 ベクトルの減算，第 2 の方法．

はそのうちの一方が F' であるということしか知らないとします．われわれが知らないもう一方の力を X とよぶとすると，そのとき，もし全体の力が F であることがわかっていれば $F'+X=F$ ということになります．ということは，$X=F-F'$ であり，したがって X を求めるには，2 つのベクトルの差をとらなければなりません．それには 2 つの方法があります．1 つの方法は，F' の逆の方向を持ったベクトル $-F'$ を F に加えるというものです（図 1-4 参照）．

またもう 1 つは，$F-F'$ は単純に F' の頭から F の頭へ引いたベクトルであるとするものです．

さて，第 2 の方法の不都合な点は矢印を図 1-5 のように描く傾向があるからです．それらの差の方向と長さは正しいのだけれども，力を加えている場所が矢印の尾になっていない．これには注意しなければなりません．したがって，これが気になる人や，わけがわからなくなる人は最初の方法を使うことをすすめます（図 1-6 参照）．

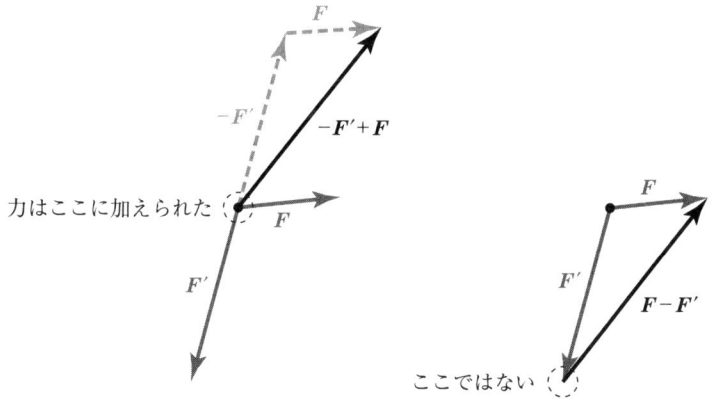

図 1-6　1 点に加えられた 2 つの力の減算.

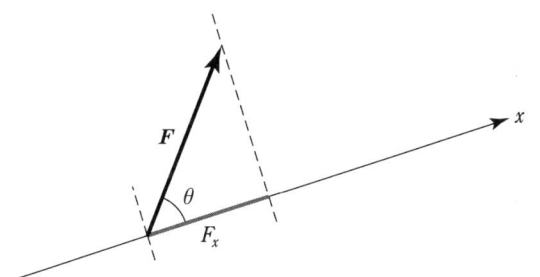

図 1-7　ベクトル F の x 方向成分.

ベクトルをいくつかの方向に投影することもできます．たとえば，われわれが，その力が"x"方向にはどのくらいの強さなのか(その力の x 方向の成分とよばれる)を知りたいとすると，それは簡単で，F を x 軸に垂直な方向に下ろして，x 軸上に投影すればよい．そうすると，それがその力の x 方向の成分 F_x です．数学的に言うならば，F_x は F の大きさ($|F|$ と書くことにする)に F と x 軸との間の角度の余弦(コサイン)を掛けたもので，これは直角三角形の性質からくるものです(図 1-7 参照)．

$$F_x = |F| \cos \theta. \tag{1.10}$$

さて，A と B を加えて C を作るとします．そうすると，与えられた方向 x と直角になるように x 軸上に下ろされたそれぞれの投影は加えることができるのは明らかです．したがって，ベクトルの和の成分はもとの 2 つのベ

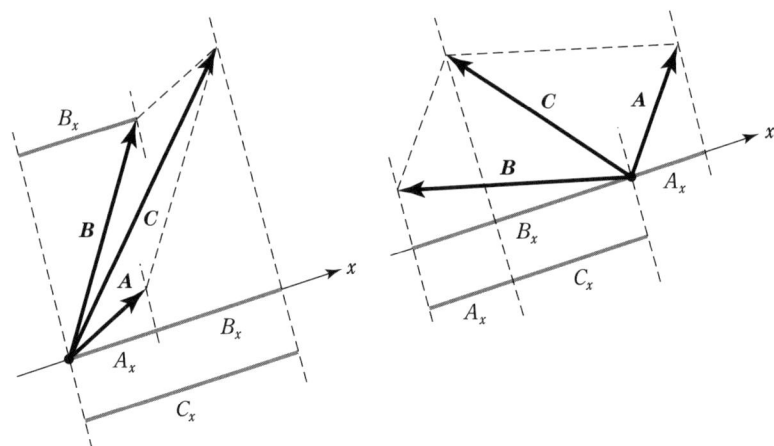

図 1-8 ベクトルの和の成分はもとのベクトルの成分の和に等しい.

クトルの成分の和であるということになります．このことは「あらゆる方向」の成分について言えます(図 1-8 参照)．

$$A+B=C \implies A_x+B_x=C_x. \quad (1.11)$$

とくに好都合なのはいくつかのベクトルを，直交する 2 つの軸 x と y への成分にそれぞれ分けて考えることです．(もうひとつ z 軸もある．世の中には 3 つの次元があるのだが，わたしはいつも黒板に書いている(！)ので 3 次元目のことはいつも忘れてしまう.) いま x-y 平面内にあるベクトル $\boldsymbol{F}$ があって，その x 方向成分がわかっているとすると，これだけでは完全に $\boldsymbol{F}$ を定義づけることはできない．同じ x 方向成分を持つベクトルは x-y 平面の上にはたくさんあるからです．しかし，もし $\boldsymbol{F}$ の y 方向の成分もわかっていれば $\boldsymbol{F}$ は完全に定義づけることができます(図 1-9 参照)．

さて，x, y, z 軸に沿った $\boldsymbol{F}$ の成分は F_x, F_y, F_z と書くことができる．ベクトルの和はそれぞれのベクトルの成分の和をとることに等しいから，もう 1 つのベクトル $\boldsymbol{F}'$ の成分を F'_x, F'_y, F'_z とすると，$\boldsymbol{F}+\boldsymbol{F}'$ は $F_x+F'_x, F_y+F'_y, F_z+F'_z$ という成分を持つことになります．

ここまではやさしいところですが，ここから少々むずかしくなります．2 つのベクトルを掛け合わせてスカラーを作る方法です．スカラーというのは，どんな座標軸でも同じである数です．(実際のところ，1 つのベクトルから 1

1.6 ベクトル　17

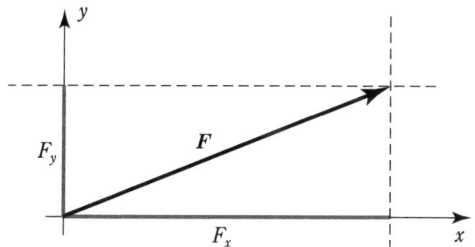

図 1-9　x-y 平面内のベクトルは 2 つの成分によって完全に定義することができる．

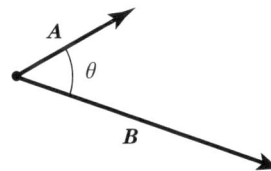

図 1-10　内積 $|A||B|\cos\theta$ はどの座標系をとっても同じである．

つのスカラーを作り出す方法があるのだが，それについては後で触れる.）ところで，もし座標軸が変われば成分も変わります．しかし，ベクトル間の角度やベクトルの大きさは変わらない．いま，A と B がベクトルであって，その間の角度が θ であるとすると，そこで A の大きさと B の大きさの積を取り，それに θ の余弦（コサイン）を掛ける．そして得られた数字を $A\cdot B$ と書きます（"A ドット B" と読む）(図 1-10 参照).

この数は "内積（ドットプロダクト）" あるいは "スカラー乗積（スカラープロダクト）" と呼ばれるものですが，すべての座標系で同じ数で，次のように表現されます．

$$A\cdot B = |A||B|\cos\theta. \tag{1.12}$$

ところで，$|A|\cos\theta$ は A を B に投影したものですから，$A\cdot B$ は A を B に投影した値に B の大きさを掛けたものということになります．同様に $|B|\cos\theta$ は B を A に投影したものですから，$A\cdot B$ もまた B を A に投影したものに A の大きさを掛けたものです．しかし，僕としては内積とは何かということを覚えるには $A\cdot B=|A||B|\cos\theta$ という表現がいちばんわかりやすいと思っています．こうすると，ほかの事柄との関連づけもわかりやすい．問題は，同じことを言うのにあまりにもいろいろな方法があり過ぎる

ことなのですが，それらをすべて覚えようとするのはよくない．その点については すぐ後で，より詳しく説明します．

$\boldsymbol{A}\cdot\boldsymbol{B}$ については，別に任意の1組の軸上への $\boldsymbol{A}, \boldsymbol{B}$ の成分によっても定義することができます．いま，任意の方向をもった互いに直交する3つの軸 x, y, z を考えると，$\boldsymbol{A}\cdot\boldsymbol{B}$ は次のようになります．

$$\boldsymbol{A}\cdot\boldsymbol{B} = A_x B_x + A_y B_y + A_z B_z. \qquad (1.13)$$

$|\boldsymbol{A}||\boldsymbol{B}|\cos\theta$ から $A_x B_x + A_y B_y + A_z B_z$ をどうやって導くかは，すぐにわかるような自明のことではありません．この証明はしようと思えばいつでもできるのですが[4]，時間がかかりすぎるので，わたしは両方とも暗記することにしました．

あるベクトルと，それ自身との内積をとると，θ は0であり，0のコサインは1であるから，$\boldsymbol{A}\cdot\boldsymbol{A}=|\boldsymbol{A}||\boldsymbol{A}|\cos 0=|\boldsymbol{A}|^2$ ということになる．ベクトルの成分で表現すると，$\boldsymbol{A}\cdot\boldsymbol{A}=A_x{}^2+A_y{}^2+A_z{}^2$ であって，この値の正の平方根がベクトルの大きさになります．

1-7　ベクトルの微分

さて，ベクトルの微分と呼ばれる操作をすることもできます．ベクトルの時間についての導関数は，ベクトル自身が時間に依存している場合でなければもちろん意味がない．ということは，時間とともにつねに変化しているようなベクトルを頭に浮かべなければならないわけです．ベクトルが時間とともに変わり続ける．その変化率を求めたい．

たとえば，いまその辺を飛び回っている物体があるとして，ベクトル $\boldsymbol{A}(t)$ を，時刻 t におけるその物体の位置であるとしよう．次の時刻 t' までに，その物体は $\boldsymbol{A}(t)$ から $\boldsymbol{A}(t')$ まで動いたとする．そこで，時刻 t における $\boldsymbol{A}$ の変化率を求めようというのです．

それはこうやるのです：時間 $\varDelta t = t' - t$ に物体は $\boldsymbol{A}(t)$ から $\boldsymbol{A}(t')$ まで動いたのだから，移動量(変位)は $\varDelta\boldsymbol{A} = \boldsymbol{A}(t') - \boldsymbol{A}(t)$ であって，これは元の位置から次の位置までの差のベクトルです(図1-11参照)．

---

[4] 『ファインマン物理学』第Ⅰ巻11-7節参照．

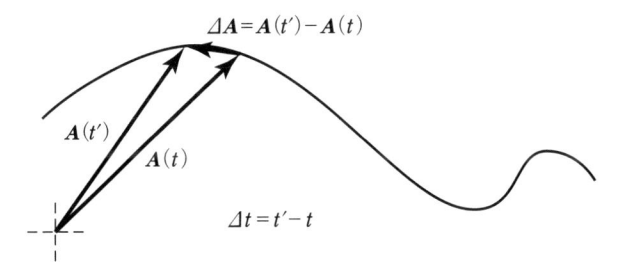

図1-11 位置ベクトル A と時間 Δt 内のその変化 ΔA.

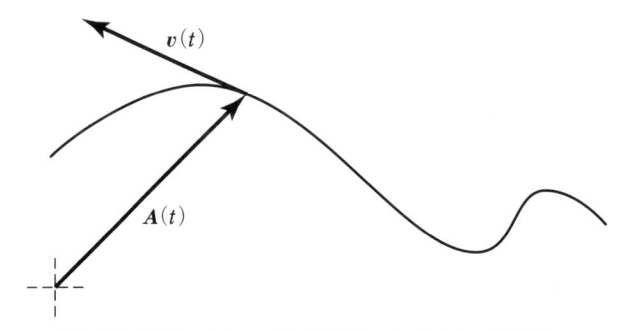

図1-12 位置ベクトル A と時刻 t におけるその導関数 v.

　もちろん，時間 Δt が短ければ短いほど，$A(t')$ は $A(t)$ に近い．そこで ΔA を Δt で割って，その両方がゼロに近づく極限をとると，これが導関数です．この場合は A が位置を表わすので，その導関数は速度ベクトルということになります．この速度ベクトルは曲線の接線の方向です．というのは，それが位置が変わっていく方向だからです．しかし大きさはこの図を見てもわからない．というのは，その物体が曲線に沿って「どれだけの速さ」で動いているかということだからです．速度ベクトルの大きさが速さ（スピード）です．すなわち，単位時間内にその物体がどれだけの距離動くかを表わしています．というわけで，これが速度ベクトルの定義です．それは経路の接線方向を向いていて，その大きさは経路上の物体の動きの速さに等しいのです（図1-12 参照）．

$$v(t) = \frac{dA}{dt} = \lim_{\Delta t \to 0} \frac{\Delta A}{\Delta t}. \tag{1.14}$$

ところで，位置ベクトルと速度ベクトルを同じ図上に書くのは危険です．

君たちが格別に注意深い場合は別かもしれないけれど，そもそもこの種の問題を取り扱うのに少々手こずっているというわけだから，僕に思い当たる限りの，やりそうな落とし穴をすべて指摘しておきます．おそらく，君たちは次に何らかの理由で「v に A を加える」ということをやりたくなると思うからです．これは理論的に正しくない．速度ベクトルを本当に描こうと思ったら，時間の尺度(スケール)を知らなければならない．だが，速度ベクトルと位置ベクトルは尺度が違う．だいいち単位が違う．一般に位置と速度を一緒にして加え合わせることはできない．そしてこの場合もできないのです．

実際のところ，何かベクトルの「画を描こう」と思ったら，そのスケールをどうするか決めなければならないのです．力の話をしたときに，これこれニュートンの力を1センチ(あるいは1メートル，あるいは何でもいいのだけれども)の長さで表わそうと決めました．そしてここでは，毎秒これこれメートルを1センチで表わすと言わなければならないのです．だれか別の人は，位置ベクトルをわれわれのと同じ長さにして，速度ベクトルを3分の1の長さにして描くこともできます．かれは自分の速度ベクトルに別のスケールを使っているだけの話です．ベクトルを描くにあたって，長さに一定のきまりはない．スケールの選択は自由なのです．

さて，速度を x, y, z 成分に分けて考えることは容易です．それはたとえば，位置の x 成分の変化率は速度の x 成分に等しく，他の成分についても同様だからです．これは要するに導関数というのは実のところ差だからです．そして，差ベクトルの成分は差をとったもとのベクトルの対応する成分の差に等しいので，次のようになります．

$$\left(\frac{\varDelta A}{\varDelta t}\right)_x = \frac{\varDelta A_x}{\varDelta t}, \quad \left(\frac{\varDelta A}{\varDelta t}\right)_y = \frac{dA_y}{\varDelta t}, \quad \left(\frac{\varDelta A}{\varDelta t}\right)_z = \frac{dA_z}{\varDelta t}. \quad (1.15)$$

これの極限をとると，次のように導関数の成分が得られます．

$$v_x = \frac{dA_x}{dt}, \quad v_y = \frac{dA_y}{dt}, \quad v_z = \frac{dA_z}{dt}. \quad (1.16)$$

これは方向のいかんにかかわらず正しい：いま $A(t)$ の任意の方向の導関数を考えてみると，その方向の速度ベクトルの成分は $A(t)$ のその方向への成分の導関数です．ただしこの場合，方向は時間とともに変わってはならな

いということには十分に注意しなければなりません．"わたしは A の v 方向への成分をとるんだ"というようなことを言ってはいけない．というのは「v は動いている」からです．位置ベクトルの成分の導関数が速度ベクトル成分のものと一致するというのは，「成分をとる方向自身が一定である場合にのみ」正しいのです．したがって，式 (1.15) と (1.16) は x,y,z 軸やその他の固定された軸についてのみ成立します．導関数をとろうとしているときに軸が回っている場合にはやり方ははるかに複雑になります．

このへんの話は，ベクトルの微分の少し別の難しさを含みます．

ところでもちろん，ベクトルの導関数をさらに微分することもできますし，それをまたさらに微分する，と続けていくこともできます．それから，いま僕は A の導関数を「速度」と呼んだけれど，それは A が位置ベクトルだからです．もし A が何かほかのものであれば，その導関数は速度とはまた別のものです．たとえば，もし A が運動量であれば，運動量の時間微分は力ですから，A の導関数は力ということになります．そしてもし A が速度であれば，速度を時間微分したものは加速度，などとなります．なお，僕がこれまで話してきたことは，ベクトルを微分するにあたって，一般的に通用する．しかし，ここでは位置と速度の例についてだけ話をしておきました．

1-8 線積分

さいごに，ベクトルについてはもう 1 つだけ話をしておかねばならないことがあります．これがまたおそろしく，複雑なしろもので「線積分」と呼ばれている，

$$\int_a^z \boldsymbol{F} \cdot d\boldsymbol{s} \tag{1.17}$$

という形のものです．

例として，ここにベクトル $\boldsymbol{F}$ の場があるとしましょう．そこで $\boldsymbol{F}$ を曲線 S に沿って点 a から z まで積分したいとする．そうするとこの線積分が何か意味をもつためには，曲線 S 上の a から z までの間のすべての点で $\boldsymbol{F}$ の値を定義する何かうまい方法がないといけない．いま $\boldsymbol{F}$ が点 a である物体に加えられた力であるとしても，その物体が S に沿って動くにつれてその

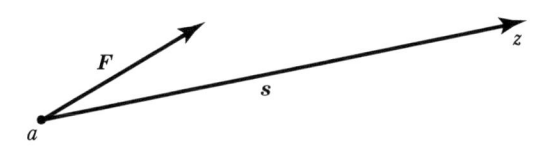

図 1-13 直線経路 a-z 上で定義された一定の力 $\boldsymbol{F}$.

力がどう変わるかわからない．少なくとも a と z の間についてわからないと，"S に沿った a から z までの $\boldsymbol{F}$ の積分" という言葉は意味がありません．(わたしはここで "少なくとも" と言ったのは，$\boldsymbol{F}$ はそれ以外のどこで定義されていてもかまわないからですが，しかし，少なくとも君たちが積分をしようとしている曲線の範囲内については定義されていなければならないのです．)

　もう少ししたら，任意の曲線に沿った，任意のベクトル場の積分の定義について述べますが，まずは $\boldsymbol{F}$ が一定であって，S が a から z への直線の経路——変位ベクトルで，ここでは $\boldsymbol{s}$ と呼ぶことにする——である場合を考えてみよう (図 1-13 参照)．

　そうすると，$\boldsymbol{F}$ は一定であるから，積分記号の外へ出すことができて (ちょうど普通の積分と同じようなものです)，$d\boldsymbol{s}$ を a から z まで積分したものは $\boldsymbol{s}$ そのものだから，答えは $\boldsymbol{F} \cdot \boldsymbol{s}$ となる．これが一定の力と直線の経路の場合の線積分です——ま，簡単な場合です．

$$\int_a^z \boldsymbol{F} \cdot d\boldsymbol{s} = \boldsymbol{F} \cdot \int_a^z d\boldsymbol{s} = \boldsymbol{F} \cdot \boldsymbol{s}. \tag{1.18}$$

　(ここで，$\boldsymbol{F} \cdot \boldsymbol{s}$ が力の変位方向の成分と変位の大きさの積であるということを忘れてはなりません．言いかえれば，それは単に線に沿った距離に力のその方向の成分を掛け合わせたものだということです．このほかにもいろいろな見方があります．力の方向への変位の成分に力の大きさを掛けたものとも言えるし力の大きさ掛ける変位の大きさ掛ける両者の間の角度の余弦 (コサイン) とも言える．これらは皆，同じことなのです．)

　もっと一般的に言うならば，線積分とは次のようなものであると定義することができます．まず，S の a から z までを $\varDelta S_1, \varDelta S_2, \cdots, \varDelta S_N$ という具合に N 等分することによって分割する．そうすると S に沿っての積分は $\varDelta S_1$

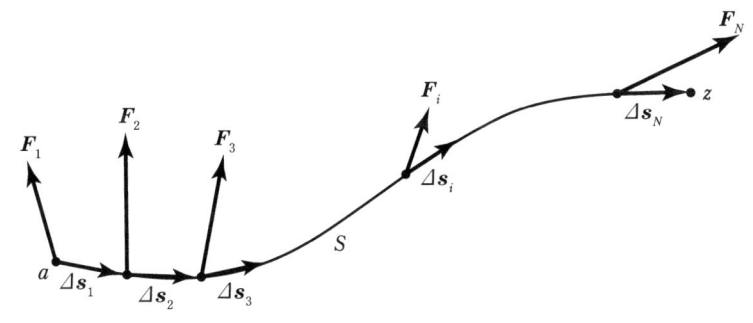

図 1-14 曲線 S 上で定義された場所によってちがう力 $\boldsymbol{F}$.

に沿っての積分に $\varDelta S_2$ に沿っての積分，$\varDelta S_3$ に沿っての積分，などを加え合わせたものになる．そこで，N を十分に大きくとって，それぞれの $\varDelta S_i$ を小さな変位ベクトル $\varDelta \boldsymbol{s}_i$ で近似できるようにする．$\varDelta \boldsymbol{s}_i$ の上では $\boldsymbol{F}$ はほぼ一定の値 $\boldsymbol{F}_i$ です(図1-14参照).

そうすると，積分に対する区分 $\varDelta S_i$ の寄与分はすでにやった"一定の力——直線経路"のきまりにより $\boldsymbol{F}_i \cdot \varDelta \boldsymbol{s}_i$ となります．したがって，i が1から N になるまでの $\boldsymbol{F}_i \cdot \varDelta \boldsymbol{s}_i$ を加え合わせると，これは積分の非常によい近似になる．そして，N が無限になる極限をとった場合にのみ，この和と積分は「厳密な意味で等しく」なります．すなわち区分をできるだけ細かくとって，それをまた，も少し細かくして，とやっていくと正しい積分が得られて次のようになります．

$$\int_a^z \boldsymbol{F} \cdot d\boldsymbol{s} = \lim_{N \to \infty} \sum_{i=1}^{N} \boldsymbol{F}_i \cdot \varDelta \boldsymbol{s}_i. \tag{1.19}$$

(もちろん，この積分は，一般的には曲線によって違う値になりますが，物理学の世界ではときにそうでない場合もあります.)

さて，君たちが物理学を勉強するのに必要な数学はこんなところです．少なくともいまのところは十分です．そしていま教えたこと，とくに微積分とベクトル解析のはじめのところは，いまのうちによく勉強して自分の第二の天性であるかのようにしておかなくてはならないのです．あるもの——たとえば線積分のようなもの——はいまはまだ第二の天性である必要はないかもしれないですが，やっているうちにいずれそうなります．いまはまだ，絶対

に必要というわけではないし，それに難しいですからね．いま，「君たちの頭の中にしっかり入れておかなければならない」ものは微積分と，ベクトルのさまざまな方向への成分のとり方といったこまごましたことです．

1-9 簡単な例

ここでベクトルの成分のとりかたの例——ホントに簡単なもの——を1つあげておきます．いま図 1-15 に示すような器械があるとします．それには2つの棒のようなものが回転軸で(肘関節のように)繋がれていて，何かたいへん重たい錘(おもり)がそこに付けられているとします．片方の棒の端は回転軸によって床に固定された支点となっていて，もう一方の棒の端は床に設けられた溝にそって転がることができるように車輪のついた可動支点をもっているものとします．わかるでしょう，これは器械の一部です．おもちゃの汽車のようにシュー・シュッ，シュー・シュッて，車輪は前に行ったり後ろにいったりすることができて，そのたびに錘は上がったり下がったりするというわけです．

ここで，錘は 2 kg であり，棒の長さは 0.5 m であるとします．そしてちょうど器械が静止して立っているときに，錘から床までの距離がうまい具合に 0.4 m であったとします——こうすれば 3-4-5 の三角形になって計算がやりやすい(図 1-16 参照)．(計算そのものは実際のところ関係ないです．本当の難しさはその「考え方」を正しく理解するところにあるのです．)

問題は，錘を「上に支えておく」にはどれだけの力 P で車を水平に押さなければならないかを求めることです．そこで，この問題を解くのに必要な

シュー シュッ

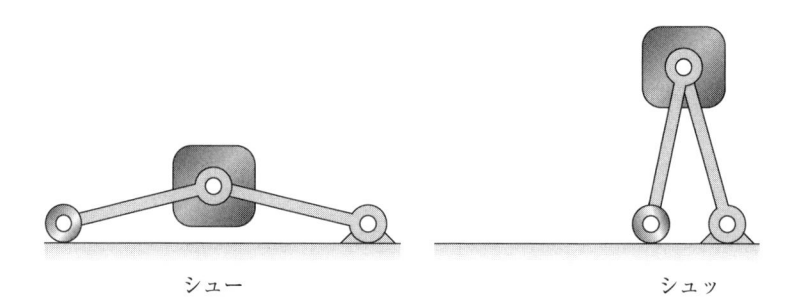

図 1-15 単純な器械．

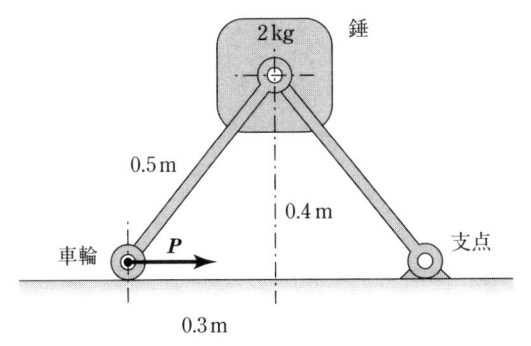

図 1-16　錘を支えるにはどれだけの力 P が必要か？

1 つの仮定を導入することにします．すなわち，棒が「両端」に支点を持つとき，正味の力は常に「棒に沿った方向」に働くと仮定する（これは実際にも正しいし，君たちはそんなこと自明だと思うかもしれない）．支点が棒の一方だけにあるときは必ずしもこうはならない，というのは棒を横向きに押すことができるからです．しかし，もし両端に支点があるとなると，棒に沿って押すことしかできない．そこでわれわれはそのこと——力は棒の方向に沿って働くのでなければならないということ——をもう知っていると仮定しよう．

　また，物理学の勉強から，力は棒の両端で反対方向で等しい大きさのものが働くということも知っています．たとえば，棒によってある力が車輪に加えられたとすると，それと同時に反対方向の力が棒によって錘に加えられなければなりません．というわけで，問題はこうです：いま言った棒の性質を頭において，車輪に働いている水平方向の力はどれだけかを求める．

　僕ならこういうふうにやってみようと思う：棒によって車輪に加えられる水平方向の力は棒にかかっている正味の力のある種の成分ということになる．（もちろん，"動きを限定している溝"による垂直方向の力もあるが，これは未知でもあるし，興味もない．これは車輪に働いている正味の力——これは錘にかかっている正味の力に正反対の方向を向いている——の一部分である．）したがって，もし棒によって錘にかけられている力の成分を求めることができれば，棒によって車輪にかけられている力の成分——とくに，いま求めようとしている水平方向の成分——を求めることができる．錘にかかっ

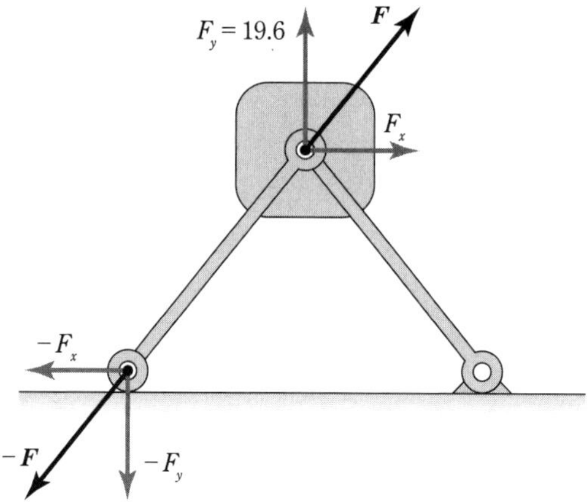

図 1-17　1 つの棒から錘(おもり)に加えられる力と車輪に加えられる力．

ている水平力を F_x と呼ぶと，車輪にかかっている水平力は $-F_x$ であり，錘を支えるのに必要な力はそれと同じ大きさで逆向きであるから，$|\boldsymbol{P}|=F_x$ となります．

棒によって錘に掛けられる垂直力 F_y はきわめて簡単です．それは単純に物体の質量 2 kg，掛ける重力の加速度 g です．(重力の加速度については物理の授業で教わることになる．g は MKS 単位系では 9.8 です．) F_y は g 掛ける 2，言いかえれば 19.6 ニュートンです．したがって，車輪にかかる垂直力は -19.6 ニュートンとなります．ところで，水平力はどうやって求める？　答え：それは正味の力は棒に沿って働くものでなければならないということから計算できる．F_y が 19.6 であって，正味の力が棒に沿ったものであるとすれば，F_x はどれだけでなければならないか？(図 1-17 参照)．

さて，われわれは三角形の組み合わせを扱っている．これはたいへんうまく設定されていて，水平の辺と垂直の辺の比が 3 対 4 になっています．これは F_x の F_y に対する比と同じであって，(必要なのは「水平方向の力」だけであるから，ここでは正味の力 $\boldsymbol{F}$ が何であろうと関係ない)．そのうち，垂直方向の力の大きさはすでにわかっている．したがって，水平力の大きさ――この問題での未知数――と 19.6 との比は 0.3 と 0.4 の比に等しいから，3/4 に 19.6 を掛けて次のようになります：

$$\frac{F_x}{19.6} = \frac{0.3}{0.4}$$
$$\therefore \quad F_x = \frac{0.3}{0.4} \times 19.6 = 14.7 \text{ ニュートン}. \tag{1.20}$$

そこで錘を支えるのに車輪に加える必要な水平力 $|\boldsymbol{P}|$ は 14.7 ニュートンであるという結論に到達します．これがこの問題の答えです．

「ほんとにそうかな？」

君たちも知っているとおり物理学は公式に何かを当てはめるだけでできるものではありません．やり方，すなわち与えられた問題の解き方や投影の仕方を知っているだけでなく，もっとほかの何かをつかんでいなければなんにもならないのです．実際の状況についての「感覚」を持たなければならないのです！　このことについては少し後で述べますが，この問題に限って言えば，問題は次のようなところにある：錘にかかっている正味の力は1つの棒からだけではなく，もう1つの棒からかかっている力もある．そしていままでの解析ではそれがぬけていた——だから，みんなだめなんです！

それにまた固定支点を持った棒によって錘に加えられる力についても心配しなければならない．いや問題はだんだん複雑になってきた．どうやって「目的とする力」を求めるか？　ところで，錘に「関係しているすべてのもの」による正味の力は何か？　重力だけだ——その力は重力と釣り合いさえすればよいのだ．錘にかかっている水平力はない．そうなると，一端を固定された支点を持つ棒に沿って「何かうまいもの」があるか，ということから解決の糸口が見つけられないか．それは，この棒はもう1つの棒が及ぼしている水平力とちょうど釣り合うような力を水平に及ぼしていなければならない，ということに気がつくことです．

したがって，固定された支点を持つ棒が及ぼす力を書こうとすれば，その水平方向成分は車輪のついた棒の加える力の水平方向成分に正反対の方向であり，そして垂直方向の成分は等しい．これは棒によって作られている2つの三角形が同じ3-4-5三角形になっているからです．両方の棒の水平力成分は釣り合っていなければならないから，両方の棒は同じだけの力で押し上げていることになる——もし2本の棒の長さが違えば少々面倒にはなるけれど

考え方は同じです．

　さて，また錘から始めましょう．まずそれぞれの「棒から錘に」かかる力について片をつけなければならない．そこで，「棒から錘に」かかる力を見てみよう．これを何べんも自分に繰り返して言うのは，そうでもしないと頭の中で符号がごちゃごちゃになってしまうからです．「錘から棒に」かかる力は「棒から錘に」かかる力と方向が逆である．こういうふうに頭の中がこんがらがったときは僕はいつもやり直す．始めから考え直さなければならないんです．そして，自分が何を言おうとしているのかはっきりさせるのです．僕は"「棒から錘に」かかっている力を見てみろ：ここに力 F があって，片方の棒と同じ方向を向いている．そしてまた別の力 F' はもう一方の棒と同じ方向を向いている．たった2つの力がここにあって，それぞれ棒と同じ方向を向いている"という具合につぶやくんです．

　さて，この2つの力の正味の力は，──ハハーン！　先が見えてきた．この2つの力の「正味の力」は水平方向の成分はなくて，垂直方向成分は19.6ニュートンである．そうだ！　前に間違えたから，もう一度図を描きなおしてみよう(図1-18参照)．

　水平力は釣り合っている，したがって垂直方向の成分は加えることができる，ただし19.6ニュートンという値は片方の棒の力の成分だけではなく，両方の棒の成分の和である．これはそれぞれの棒が半分ずつ寄与しているからであって，したがって車輪のついている棒からの垂直方向の成分は9.8ニュートンだけになる．

　さて，前にやったようにこれに3/4を掛けて，この力の水平方向の組み合わせをとると，車輪のついている棒から錘にかかっている力の水平方向成分がえられる．

$$\frac{F_x}{9.8} = \frac{0.3}{0.4}$$
$$\therefore \ F_x = \frac{0.3}{0.4} \times 9.8 = 7.35 \ \text{ニュートン} \tag{1.21}$$

となって，これで一件落着です．

$$F_y + F_y' = 19.6$$

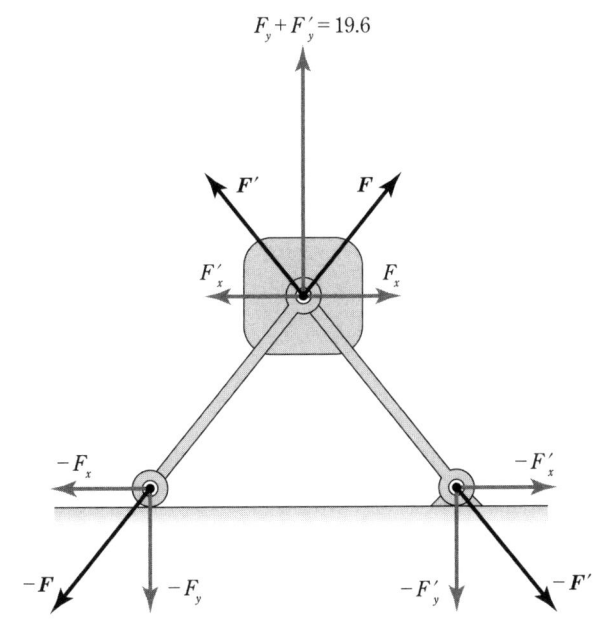

図 1-18 2つの棒によって加えられている錘への力と車輪および支点への力.

1-10　3点推量法

　あまり時間が残されていないのですが，数学と物理学との関係についてすこし述べておこう．それはこのちょっとした例でよくわかったと思うが，まず公式を暗記するだけというのはよくない．君たちの中には"僕は公式はもうみんな暗記した．あとは問題にそれをどう当てはめるかを考えるだけだ"なんていうことを考えている学生もいるかもしれない．それはよくない．

　しばらくの間はうまくいくかもしれない．そして，公式を暗記すればするほど，それを続けたくなる．でも，最終的にはうまくいかないのです．

　"アイツの言うことなんか信用するもんか，僕はこれまでずっとうまくやってきた．これが僕のやり方なんだから，これからもそうするんだ"と言う学生もいるかもしれない．

　そうしてはいけない．君たちは落第する．今年は大丈夫かもしれないし，来年も大丈夫かもしれない．しかし最終的には，それは就職したときかもし

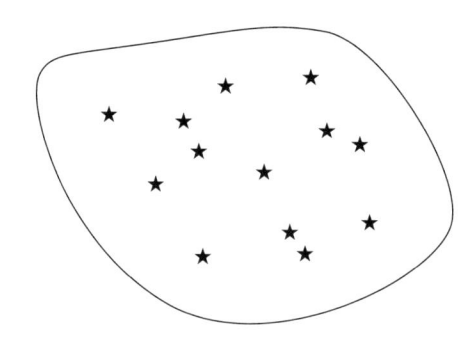

図 1-19 物理学のすべての公式や法則の仮想的分布図.

れないし，何かほかのときかもしれないけれど，どこかでおかしくなる．それは物理はきわめて範囲の広い学問だからです．何百万という公式や法則がある！　それを全部暗記することはできない——不可能なんです．

ところで，君たちが忘れてしまっているたいへん大事なこと，使っていない強力な道具がある．それはこういうことだ．いま，図 1-19 は物理学のすべての公式やものごとの関連を図に表わしたものとしよう．（2 次元では表現しきれないほどあるけれども，たとえばこういうものとしてみる．）

さてそこで，君たちの心に何かが起きたとしよう．どういうわけか一部の領域が消されて，へんてこにも失われた部分ができてしまったとする．ところが，自然界のしくみは素晴らしくよくできていて，なんと論理によって，失われていない部分から失われた部分を"3 点推量法"で復元ができるのだ（図 1-20 参照）．

そして，君たちがまったく忘れてしまったと思うようなことも，もしそれほどひどく忘れていないのであれば，そしてほかの事柄を十分に知っていれば再生可能です．次のようにもいえます．いまのところ君たちはまだそこまでいっていないけれど，そのうち知識が豊富になりすぎて覚えきれない，しかし，覚えている断片的なことから忘れていることを再生できる，というようなときがくるのです．したがって，"3 点推量法"——すなわちすでに知っていることから別の何かを導きだす方法を知っているというのはじつに大切なことなのです．これは絶対に必要です．

"かまうことはないさ，僕は記憶力がいいんだ．実際のところ，記憶法の授業もとった"という学生もいるかもしれない．

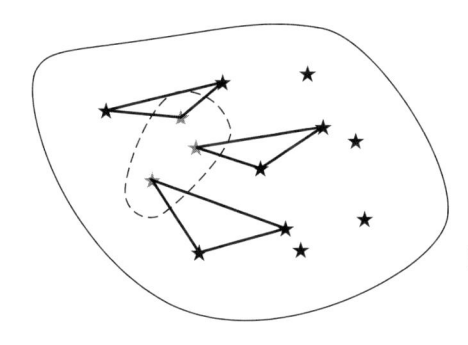

図 1-20 忘れられた事実は，覚えている事実から「3 点推量法」によって再生できる．

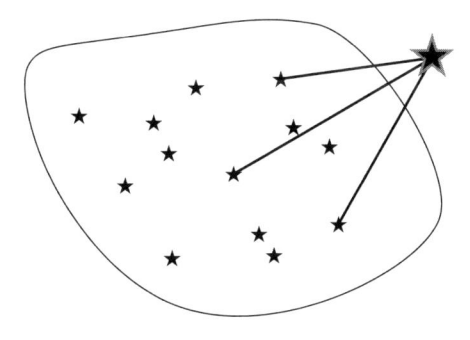

図 1-21 物理学者は既知のものから未知のものを「3 点推量法」によって知ることにより新しい発見をする．

それはだめです！　というのは物理学者のやるべきこと——自然界の新しい法則を見つけ出すこと，産業界の何か新しいものを開発すること，いわばすでにわかっていることをあれこれ言うのではなくて，何か新しいことをやること——そのためにすでにわかっていることから「3 点推量法」を使って導き出すことなんです．すなわち，「3 点推量法」でまだ誰もやったことのないようなものを見つけ出すのです(図 1-21 参照)．

そのやり方を習うには，公式の暗記だけに頼ることはやめて，自然界のさまざまなものごとの相互の関連性を理解すること，そのことを心がけてほしい．これはなれないとたいへん難しいかもしれない．けれど，これが「成功への唯一の道」なんです．

2

法則と直観
物理が苦手な学生のための補講 B

　前回は，物理を勉強するために最低知っていてほしい数学についてやりました．そのとき，式は道具として暗記しなければならないが，一方，すべてを暗記するのはこれまたよくないと言いました．実際のところ長期にわたってすべてを記憶に頼るというのは不可能です．といっても，暗記でやるのは「すべていけない」というわけではありません．ある意味では，覚えていて悪いことはない．しかし，その場合に忘れてしまったものを思い出せるようにしておかなければならないということです．

　ところで，君たちがカルテクに入学したとき突然自分が平均より下にいることに気がつく話．これは前回にも話をしたけれども，もしなんとかクラスの下半分に入らずにすんだとしても，そのぶんほかの誰かに惨めな思いをさせている．それはほかの誰かを下半分に押しやっているっていうわけだから．しかしほかの人に迷惑をかけずにやる方法がある．自分にとってすごく面白く魅力的なものを見つけて調べることだ．そうすれば君らは一時的にしろ大家みたいなものになれる．そうすればいやな思いをしなくてすむし，"ともかく，少なくともこれこれについてはほかの連中はなんにもわかっちゃいないんだ"といつでも言えるからね．

2-1　物理学の法則

　さて，この補講では物理学の法則について話をしようと思います．まず最初にそれは何かということについて説明しましょう．これまでの講義で言葉としては何度も話してきたけれど，ここで説明するとなるとやはり同じくら

いの時間がかかってしまう．しかし，物理学の法則は式を使っても表現することができるので，それをここに書いてみます（ここまでくる間には記号がすぐわかる程度にまで，君たちの数学の力はついているものと仮定する）．君たちがいま知っておかなくてはならない物理学の法則は次のようなものです．

第一に：

$$F = \frac{d\boldsymbol{p}}{dt}. \qquad (2.1)$$

すなわち，力 F は運動量 p の時間的な変化率ということです．（F と p はベクトル．君たちにはもう記号が何を意味するかわかっているはずです．）

どんな「物理」の式でも文字や記号が何を意味するのかを理解しておくことが大切であることを強く言っておきます．だからといって，"ああそれなら知ってる．p だろ，それは運動しているものの質量掛ける速度，あるいは静止している質量掛ける速度を 1 マイナス c の 2 乗分の v の 2 乗の平方根で割ったもの"，つまり，

$$\boldsymbol{p} = \frac{m\boldsymbol{v}}{\sqrt{1-v^2/c^2}} \qquad (2.2)$$

と言えればいいというものではありません[1]．

そうではなくて，「物理的」に何を意味しているかを知ることです．p は単なる"運動量"ではなくて，「何か」の運動量である．質量が m であって速度が $\boldsymbol{v}$ であるような粒子の運動量であるということを知らなければならないのです．そしてさらに，式(2.1)の F は全体の力すなわち，その粒子に働いているすべての力のベクトル和です．そういうことがわかって，はじめてこれらの方程式が何を意味するかがわかるのです．

さてここにもう 1 つ知っておかなければならない物理学の法則があります．運動量保存の法則です：

$$\sum_{\text{全粒子}} \boldsymbol{p}_{\text{後}} = \sum_{\text{全粒子}} \boldsymbol{p}_{\text{前}}. \qquad (2.3)$$

---

[1] $v=|\boldsymbol{v}|$ は粒子の速さ，c は光の速さ．

運動量保存の法則はどんな場合にも全運動量が一定であるとしています．

それは物理的に何を意味しているのだろうか？　たとえば何か衝突があったとすると，衝突の「前」のすべての粒子の運動量の和と衝突の「後」のすべての粒子の運動量の和は等しいということです．相対論的には粒子は衝突後には別の粒子になりえます．新しい粒子を作り出して，古い粒子を壊してしまうことができるのです．しかしその場合でもやはり，その前後での運動量のベクトル和が等しいということは正しいのです．

次に知っていなければならない物理学の法則は，エネルギー保存の法則で，次のような形のものです：

$$\sum_{\text{全粒子}} E_\text{後} = \sum_{\text{全粒子}} E_\text{前}. \tag{2.4}$$

ということは，衝突の「前」のすべての粒子のエネルギーの総和は衝突の「後」のすべての粒子のエネルギーの総和に等しいということです．この公式を使うには，粒子のエネルギーとは何かということがわかっていなければなりません．静止質量 m，速さ v の粒子のエネルギーは

$$E = \frac{mc^2}{\sqrt{1-v^2/c^2}} \tag{2.5}$$

となります．

2-2　非相対論的な近似

さていま話をしたのは相対論的な世界での話です．非相対論的な近似が成り立つ場合，すなわち光の速さに比べて遅い粒子の場合にはいま話をした法則の特別の場合の法則が成りたちます．

まず手はじめとして，低速の場合の運動量は簡単になる．$\sqrt{1-v^2/c^2}$ はほぼ1なので，式(2.2)は次のようになります．

$$\boldsymbol{p} = m\boldsymbol{v}. \tag{2.6}$$

ということは力についての公式 $\boldsymbol{F} = d\boldsymbol{p}/dt$ は，$\boldsymbol{F} = d(m\boldsymbol{v})/dt$ と書くことができるということ．だから，そこで定数 m を前にだすと，低速の場合には力は質量掛ける加速度となって，

$$F = \frac{d\boldsymbol{p}}{dt} = \frac{d(m\boldsymbol{v})}{dt} = m\frac{d\boldsymbol{v}}{dt} = m\boldsymbol{a} \tag{2.7}$$

となります．

　低速粒子の場合の運動量保存の法則は運動量の式が $\boldsymbol{p}=m\boldsymbol{v}$ となることと，質量がすべて一定であることを除けば式(2.3)と同じ形になって次のようになります．

$$\sum_{\text{全粒子}} (m\boldsymbol{v})_{\text{後}} = \sum_{\text{全粒子}} (m\boldsymbol{v})_{\text{前}} . \tag{2.8}$$

しかし，速度が遅い場合のエネルギー保存の法則は2つに分けられます．1つは，それぞれの粒子の質量は一定である．物質を作り出したりなくしてしまったりすることはできないということ．もう1つは，すべての粒子の $\frac{1}{2}mv^2$ の和，すなわち全運動エネルギー，あるいは K. E. は一定である[2]，ということです．([訳注] K. E. は運動エネルギー(kinetic energy))

$$m_{\text{後}} = m_{\text{前}}$$
$$\sum_{\text{全粒子}} \left(\frac{1}{2}mv^2\right)_{\text{後}} = \sum_{\text{全粒子}} \left(\frac{1}{2}mv^2\right)_{\text{前}} . \tag{2.9}$$

　もしわれわれが日常見かけるような大きくて低速の粒子——灰皿みたいなものも近似的には粒子と考えることもできるんですが——を考えるとすると，運動エネルギーの前の和は後の和に等しいという法則は正しくありません．というのは，その物体の内部に混ざりこんでいる粒子の $\frac{1}{2}mv^2$ が内部運動のかたち——たとえば，熱というかたち——で存在するかもしれないからです．ということで，大きな物体どうしの衝突ではこの法則は成り立たないようです．この法則は基本粒子の場合にのみ正しいのです．

　もちろん大きな粒子の場合でも内部運動にとりこまれるエネルギーがあま

---

[2]　粒子の運動エネルギーとその全(相対論的)エネルギーとの関係は $1/\sqrt{1-v^2/c^2}$ のテイラー展開級数の最初の2項を式(2.5)に代入することによって容易に得られる．
$$\frac{1}{\sqrt{1-x^2}} = 1 + \frac{1}{2}x^2 + \frac{1\cdot3}{2\cdot4}x^4 + \frac{1\cdot3\cdot5}{2\cdot4\cdot6}x^6 + \cdots$$
$$E = \frac{mc^2}{\sqrt{1-v^2/c^2}} = mc^2(1+v^2/2c^2+\cdots)$$
$$\approx mc^2 + \frac{1}{2}mv^2 \approx \text{静止エネルギー} + \text{運動エネルギー} \quad (v \ll c \text{ のとき}).$$

り多くないということもあり得るわけで，そのような場合にはエネルギーの保存はほぼ正しくなって，近似的弾性衝突と呼ばれます．これはときに完全弾性衝突というように理想化されることがあります．このようにエネルギーは運動量よりもはっきり見極めることがはるかにむずかしいのです．これは物体が錘（おもり）などのように大きい，すなわち非弾性衝突になる場合には運動エネルギー保存の法則は必ずしも成り立たないからです．

2-3　力が働く場合の運動

さて，衝突ではなくて，力が働いている場合の運動について考えてみます．まず，粒子の「運動エネルギーの変化」はその粒子に作用している力によってなされた仕事に等しいという定理が得られます．

$$\varDelta \text{K.E.} = \varDelta W. \tag{2.10}$$

知ってのとおり，これはある意味を持っています．（ここに書かれているすべての文字や記号の意味はすでにわかっているはずです．W は仕事量を表わす．）すなわち，いま粒子がある曲線 S に沿って力 $\boldsymbol{F}$ を受けながら点 A から点 B へ向かって動いているとしたとき（ここで $\boldsymbol{F}$ はその粒子に働いているすべての力の和），点 A でのこの粒子の $\frac{1}{2}mv^2$ と点 B でのものとがわかっているとすると，それらの差は $\boldsymbol{F}\cdot d\boldsymbol{s}$ の A から B までの積分と等しくなります．ここで，$d\boldsymbol{s}$ を曲線 S にそった微小変位とすると（図2-1参照），次のようになります．

$$\varDelta \text{K.E.} = \frac{1}{2}mv_{\text{B}}{}^2 - \frac{1}{2}mv_{\text{A}}{}^2 \tag{2.11}$$

そして，位置のエネルギーは

$$\varDelta W = \int_{\text{A}}^{\text{B}} \boldsymbol{F}\cdot d\boldsymbol{s}. \tag{2.12}$$

ときによっては，粒子に働いている力が粒子の位置だけに単純な形で依存する場合があります．そのような場合には，この積分は実際に積分を行なうことなく簡単に計算することができます．粒子になされた仕事はある別の量，「位置のエネルギー，あるいは P.E.(ポテンシャルエネルギー，potential energy)」と呼ばれる量の変化と大きさが等しく向きが逆のものになるとい

図 2-1 $\frac{1}{2}mv_B^2 - \frac{1}{2}mv_A^2 = \int_A^B \boldsymbol{F} \cdot d\boldsymbol{s}.$

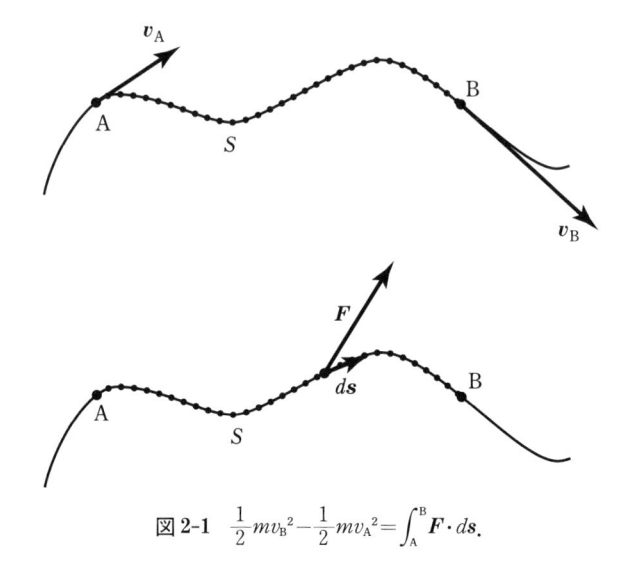

えるからです．この種の力は"保存される"といわれて，次のようになります．

$$\varDelta W = -\varDelta \text{P.E.} \quad (\text{保存力 } \boldsymbol{F} \text{ の場合}). \tag{2.13}$$

ところで，物理学には"へんな言葉"があります："保存力"とは言っても別に「力」が保存されるわけではなくて，むしろ，力が働く物体の「エネルギー」が保存されるようにできる力という意味です[3]．たいへんまぎらわしいことはわかっていますが，どうしようもありません．

さて，粒子の全体のエネルギーは運動エネルギーに位置のエネルギーを加えたものです：

$$E = \text{K.E.} + \text{P.E.} \tag{2.14}$$

保存力だけが働く場合には粒子の全エネルギーは変わらなくて，次のようになります．

---

3) 力が作用して，粒子をあるところから別のところへ動かすとき，その力がする仕事の合計が粒子が通る道筋に関係なく同じである場合にその力を保存力と呼ぶと定義されています．なされた仕事の合計は道筋の両端だけによってきまります．とくに，始まった場所で終わるような閉じた道筋を動く粒子に働く保存力によってなされる仕事はつねにゼロになります．『ファインマン物理学』第 I 巻 14-3 参照．

表 2-1

	常に正しい	一般的には誤り（低速の場合にのみ正しい）
力	$F = \dfrac{d\boldsymbol{p}}{dt}$	$\boldsymbol{F} = m\boldsymbol{a}$
運動量	$\boldsymbol{p} = \dfrac{m\boldsymbol{v}}{\sqrt{1-v^2/c^2}}$	$\boldsymbol{p} = m\boldsymbol{v}$
エネルギー	$E = \dfrac{mc^2}{\sqrt{1-v^2/c^2}}$	$E = \dfrac{1}{2}mv^2\,(+mc^2)$

表 2-2

保存力の場合正しい	非保存力の場合正しい
$\varDelta \mathrm{P.E.} = -\varDelta W$	P.E. は定義されない
$\varDelta E = \varDelta \mathrm{K.E.} + \varDelta \mathrm{P.E.} = 0$	$\varDelta E = \varDelta W$

定義：運動エネルギー K.E.$=\dfrac{1}{2}mv^2$；仕事 $W = \int \boldsymbol{F}\cdot d\boldsymbol{s}$

$$\varDelta E = \varDelta \mathrm{K.E.} + \varDelta \mathrm{P.E.} = 0 \quad (\text{保存力の場合}). \tag{2.15}$$

しかし，非保存力——どんな種類の位置のエネルギーにも含まれないような力——が働く場合には粒子のエネルギーの変化は，これらの力によってなされた仕事に等しくなります．

$$\varDelta E = -\varDelta W \quad (\text{非保存力の場合}). \tag{2.16}$$

さて，補習講義のここの部分はさまざまな力について知られているすべての物理法則を表 2-1，表 2-2 に示して終わることにします．

しかしそうする前に，加速度についてのたいへん役に立つ公式があるので紹介しておきます．ある瞬間に，物体が半径 r の円周上を一定の速さ v で動いているとすると，加速度は円の中心の方向を向いていて，大きさは v^2/r です(図 2-2 参照)．

これは僕がこれまで話してきたほかのものに比べて"直角方向"のように方向違いに見えるのですが，それでもこの公式を覚えておくことはだいじなことです．というのは，この公式を初めから導くのはたいへん面倒だからなんです[4]．

---

4) 『ファインマン物理学』第 I 巻 11-6 参照．

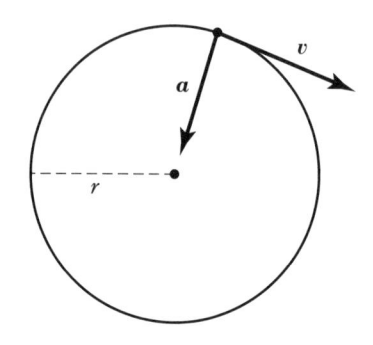

図 2-2 一定の速さの円運動における速度および加速度ベクトル．

式で表わすと次のようになります．

$$|a| = \frac{v^2}{r}.\tag{2.17}$$

2-4 力とそのポテンシャル

さて，またもとに戻って，力に関係する法則とそのポテンシャル（位置のエネルギー）の公式を表 2-3 に示しておきます．

最初のものは地表面の重力です．力は下向きですが，符号は気にしなくていいです．力がどっちを向いているかをしっかり覚えておくことです．というのは君たちが使っている座標軸が何かわからないからです．ひょっとしたら z 軸を下向きにとっているかもしれない（そうしてもいいのです）．というわけで，力は $-mg$，ポテンシャルエネルギーは mgz です．ここで，m は物体の質量，g は定数（地表面での重力の加速度．そうでない場合には公式は正しくない）です．そして z は地上の高さですが，これはどこか適当な

表 2-3

	力	ポテンシャル
重力，地表面近く	$-mg$	mgz
重力，粒子間	$-Gm_1m_2/r^2$	$-Gm_1m_2/r$
電荷	$q_1q_2/4\pi\varepsilon_0 r^2$	$q_1q_2/4\pi\varepsilon_0 r$
電場	$q\boldsymbol{E}$	$q\phi$
理想的なバネ	$-kx$	$\frac{1}{2}kx^2$
摩擦	$-\mu N$	ない！

2.4 力とそのポテンシャル　41

高さでもいいです．ということは，位置のエネルギーはどこでも君たちの好きなところでゼロにしてもよいということです．これは，われわれが位置のエネルギーについて話をするのはその「差」についてですから，もちろんその両方に何か一定数を加えても何の影響もないということです．

次に，ある空間内にある粒子間にはたらく重力についてです．この力はお互いの中心を向いていて，一方の質量にもう一方の質量を掛けてそれを2つの粒子間の距離の自乗で割った値，すなわち $-mm'/r^2$，あるいは，$-m_1m_2/r^2$，あるいは君たちが好きなようなかたちに書いてもいい，に比例しています．ここでは，力の符号について心配するよりもどっちの方向に向いているかを覚えておくことが大切です．もう1つ覚えておきたいのは，重力は粒子間の距離の2乗に反比例するということです．（ところで符号はどうする？　類は友を呼ぶ，似たものどうしは引き合うというわけで，重力は径ベクトルの逆向きになる．これで僕が符号を覚えていないことがわかったでしょう．僕が覚えているのは物理的に考えて符号がどうなっているかだけです．粒子は引き合う──覚えなきゃいけないのはそれだけです．）

さて，2つの粒子間のポテンシャルエネルギーは $-Gm_1m_2/r$ です．ポテンシャルエネルギーがどっちを向いているのか覚えるのを僕はどうも苦手で，えーと，粒子はお互いに近づけば位置のエネルギーを失うから，それは r が小さくなればポテンシャルエネルギーが小さくなるということだから，それは負．間違ってないといいんだけど！　いつも符号では苦労します．

電気の場合には，力は電荷 q_1 と q_2 の積を両者の距離の自乗で割ったものです．しかしこの場合の比例定数は分子（重力の場合は分子だった）にではなく分母に $4\pi\varepsilon_0$ として入ります．そして，電気的力は重力同様に半径方向に働くのですが，符号は逆になります．電気的には似たものどうしは反発するのです．したがって，電気的な位置のエネルギーの符号は重力の場合とは逆になり，また比例定数も重力の場合の G と違って $1/(4\pi\varepsilon_0)$ となります．

電気の法則についてテクニカルな点をすこし紹介しておきます：q 単位の電荷にかかる力は q 掛ける電場，$q\boldsymbol{E}$ であって，またエネルギーは q 掛ける電場のポテンシャル $q\phi$ となります．ここで $\boldsymbol{E}$ はベクトル場で，ϕ はスカラー場です．そして，エネルギーが通常の「ジュール」単位の場合，q の単

位は「クーロン」で，ϕの単位は「ボルト」です．

公式を示した表2-3についての説明を続けます．つぎは理想的なバネです．理想的なバネを距離xだけ引っ張る力は定数k掛けるxです．さて，文字が何を意味するか知っていなければなりません．xは平衡状態にあったバネを引っ張った距離で，バネの力は$-kx$だけもとのほうへひっ張ります．符号をつけたのはバネが反対方向へ引っ張ることを表わしたかったからです．もうよく知っているように，バネは引っ張ったときに，自分でさらに押し伸ばそうとはしないで，ものを引き戻そうとします．ところで，位置のエネルギーは$\frac{1}{2}kx^2$です．バネを引くときバネに仕事をする．したがって引いた後では位置のエネルギーは正になります．というわけでバネの場合には符号の話は簡単です．

これでわかったと思うけれど，符号のような細かいことは覚えにくいので理由づけで覚えるようにする．これが僕がやっている，覚えられないものをみな覚えてしまう方法です．

摩擦：乾燥した面における摩擦力は$-\mu N$です．そしてここでもまた，符号が何を意味しているかわかっていなければなりません．物体がある表面に，面に垂直な成分がNであるような力で押しつけられているとすると，その物体を面に沿って滑らせるために必要な力はμ(摩擦係数)掛けるNです．摩擦力がどちらを向いているかは簡単です．滑らせる方向の逆です．

さて，表2-3で摩擦のポテンシャルエネルギーのところが「ない」となっています．摩擦はエネルギーが保存されないので，摩擦に対する位置のエネルギーの公式はないのです．もし物体をある面に沿って一方に動かせば，仕事をしている，それを引き戻せば，また仕事をする．ということは，完全に1サイクル往復をしたとき，エネルギーの変化なし，ということにはならない．仕事をしたのです．したがって摩擦には位置のエネルギーはないということになるのです．

2-5 例題による物理の学習

いま説明したことが，僕がいま必要と思っているすべての法則，公式です．もしかしたら，"なんだ，簡単じゃないか．こんな表なら全部暗記してしま

2.5 例題による物理の学習

えばいいんだろう．そうすれば，物理はみんなわかってしまう"と言うかもしれないけど，そうはいかないんです．実際のところ，はじめのうちはかなりうまくいくかもしれない．しかし，第1章で指摘したようにだんだんうまくいかなくなるんです．

そこで，われわれが次に習わなければならないことは物理学に数学をどう取り入れて，「世界」を理解するのに役立てていけばよいかということです．数式はものごとを整理して筋道だてていくのに役に立つので，道具として使う．しかしそのためには，数式が何についてのものであるかを理解していなければならないのです．

古いものから新しいことをどうやって導き出すかという問題，また問題をどうやって解くか，ということを教えるのはたいへん難しい．僕自身どうやればよいのかじつのところ知りません．新しい状況を分析することもできないし，問題をとくこともできないような人間から，それができるような人間に君たちを変換する術をどうやって教えればいいのかなんてわかるわけがない．数学の場合には，微分法ができない人をできる人に変換するには，いろいろな公式や方法を教えればいい．しかし物理学の場合には，何かができない人をできる人に変換するのは無理な相談で，どうしていいのかわかりません．

僕自身には物理的に何がどうなっているかが直観的にわかってしまっているので，かえって人にどう伝えたらよいのかわからない．君たちに何か例を話すよりほかにうまい方法は見当たらない．だから，これ以後のこの講義は，次の講義も含めて，さまざまなところでの物理学の応用のたくさんの例を示します．君たちがすでに知っていることをもとに，何がどうなっているのかを理解し，分析することができるのだということを教えたいと思います．さまざまな例によってのみ君たちは内容を把握することができるのです．

古代バビロニアの数学の古い教科書が多数みつかっています．その中に学生のための数学の学習書があります．たいへん興味深いことに，バビロニア人は2次方程式を解くことができたのです．そればかりでなく3次方程式を解くための表まであったし，三角形に関する問題を解くことも知っていました(図2-3参照)．が，代数式はまったく書いていません．古代バビロニア人

図 2-3 紀元前 1700 年頃の粘土板プリンプトン 322 に書かれたピタゴラス 3 数.

は公式の書き方を知らなかったのです．そのかわり，かれらは一つ一つの例題を解いていった——それだけのことです．この方法のねらいは，意味がわかるようになるまで，例題を繰り返し勉強するということですが，これは古代バビロニア人が数学的な形で表現するという力を持っていなかったからです．

現代でも，学生に物理学を「物理的に」理解できるようにするにはどうすればよいかを教えるすべはありません．法則を書くことはできますが，どうやったらそれを物理的に理解できるかは言えないのです．物理学を物理的に理解する方法は，適当な道具もない以上，面倒なバビロニア方式にしたがい，たくさんの問題をその意味がわかるまでやるという方法しかない．僕が君たちにやってやれることはそれだけです．

そして，バビロニア方式についていけなかった学生は落第したし，ついていけた学生もいまじゃあ死んでしまった．結局，どっちでも同じなんだが！

ともかく，やってみよう．

2-6　物理学を物理的に理解する

第1章で僕が挙げた問題は物理的なことをたくさん含んでいます．2つの棒と車輪と支点とそれから錘，これはたしか2 kg だった．棒を組んだ幾何学的関係は 0.3, 0.4, 0.5 で，問題は図2-4に示すように錘を上に維持するために車輪にかかる水平力 P は何かというものでした．ちょっと面倒くさいところもあった(実際のところ僕は正しい答えを出すのに2回もやりなおした)．最終的には図2-5に示すように，車輪にかかる水平力は重さにして，$\frac{3}{4}$ kg であることがわかりました．

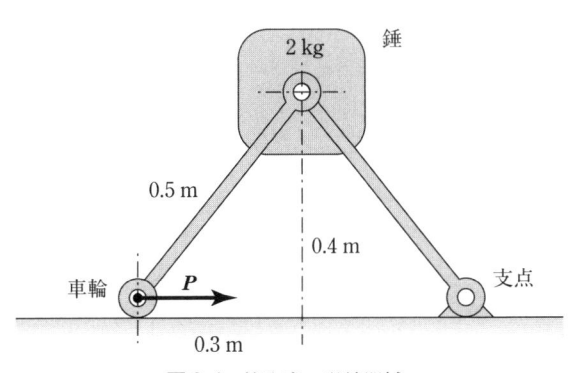

図 2-4　第1章の単純器械．

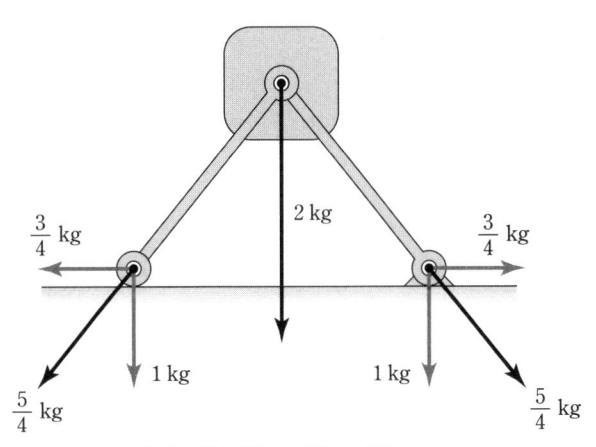

図 2-5　棒を通して車輪と支軸にかかる錘による力の分布．

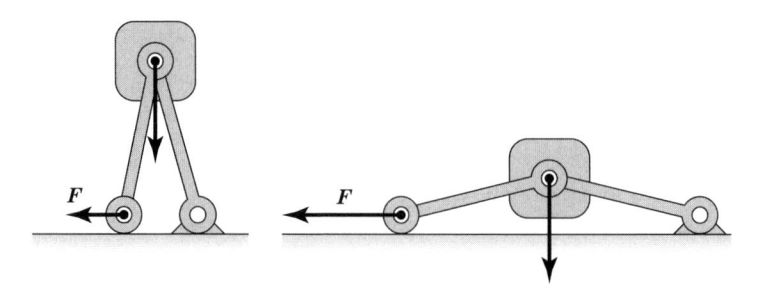

図 2-6　車輪にかかる力は錘の高さによって異なる．

　さて，ここでしばらく方程式のことは忘れて，すこし考えてみよう．ちょっと腕まくりをして，腕をぶらぶらとすこし振ってみるとどんな答えになるかがわかってくる．少なくとも僕にはわかるんだけど．どうすればわかるかな，それを君たちに教えなければならないんだな．

　すでにやったことだが，"錘からの力は真下にかかっていて，それは 2 kg であり，錘は 2 本の棒に均等に支えられているのだから，それぞれの棒の垂直方向の力は 1 kg を支えるのに十分なものでなければならない．ところで，それに対応するそれぞれの棒にかかる水平力は，ここに示されている直角三角形の水平と垂直の辺の長さの比，すなわち 3 対 4 になる．したがって車輪にかかる水平力は $\frac{3}{4}$ kg 重に等しい．以上でおしまい"でした．

　さて，これが理屈にかなっているかどうかみてみよう．いま話した考え方によると，もし車輪が支軸にずっと近く，棒の間の間隔がはるかに狭くなるところまで押されると，車輪にかかる水平方向の力ははるかに少なくなることが考えられる．錘がズーッと上のほうにあったら車輪にかかる水平力は小さくなるのか．そう，そのとおり！(図 2-6 参照)．

　この話がわからないとすると，これを説明するのは難しい．しかしたとえば，何かを梯子で上のほうに支えようとするときには梯子をその物の真下にもってくると，梯子は外側へ滑りにくい．しかし，梯子を角度をもたせてかたむけて立てると，物を上に支えるのはとても難しい．実際のところ，梯子をズーッとねかして梯子の端が地面からわずかしか離れていないところまでもってゆくと，物を非常に小さな角度で上に支えるのには無限に近い力が必要であることがわかる．

2.6 物理学を物理的に理解する　47

　いま言ったようなことは実際に確かめることができる話です．実際にやらなくても，図や計算によって示すことができる．しかし問題がだんだん難しくなって，そしてもっともっと複雑な状況の自然界を理解しようとなると，それは容易なこっちゃない．そんなときは，実際に計算をすることなしに，推測が働いて，感触が得られれば得られるほど，はるかにうまくいく．というわけで，いろいろな問題を解く練習をしておくのはいいことです．たまたま時間ができ，テストの解答などを気にしなくてもいいようなとき，問題をもう一度見直して，たとえば何か数字をすこし変えてみたときにそれがどうなるかおおざっぱにどんな振る舞いをするかをやってみるといいですね．

　さて，僕にもわかっていないのにどう説明すればよいかわかりませんが，かつて数学はよくできるのだけど，物理学科の授業にはなかなかうまくついていけないという学生の指導をしようとしたときのことを覚えています．かれがどうしてもうまく解けないといっていた問題の一例をあげるとしましょう．"3本の脚をもった丸テーブルがある．その丸テーブルがもっとも不安定になるようにするにはどう寄りかかればよいか？"

　その学生の解き方はこうです．"おそらくどれかの脚の上だろう．だけどまてよ．それにはまずさまざまな位置について，どこにかけられたどれだけの力がどんな上向きの力を生じるかなどを計算しよう．"

　そこで僕はかれに言ったのです．"計算はどうでもいいから，実際の丸テーブルを頭に描くことができるかね？"

　"でも，この問題はそうやって解くべきではないのでしょう！"

　"どうやって解くべきかなんてどうでもいいから，実際の丸テーブルを頭に描いて，そこにいくつか脚がついている．描けたかね？　そこで，君はどこに寄りかかる？　君が脚の真上から下に押したら何が起こる？"

　"なんにもおきない！"

　そこで僕は言う．"そうだよ，それじゃあ2本の脚のちょうど真ん中当たりの丸テーブルの端をおしたらどうなる？"

　"ひっくりかえる．"

　"そうだ，それでいい！"

　要するに，この学生はこれがほんとうの数学の問題ではないということに

気がついていなかったのです．これは脚がついた現実の丸テーブルについてのものなのです．実際には，完全な円形で直線状の脚が上下方向についていて，などという点で完全な実物とは言えないけれど，おおまかに言って実物にほぼ近い．そして実際の丸テーブルがどういうものかという知識から，何も計算することなしに丸テーブルがどういう振る舞いをするかの見当がつく．君たちは丸テーブルをひっくり返すにはどこに寄りかかればよいかとっくに知っているだろう．

ところで，これをどうやって説明するか，僕にはわからない．しかし，問題が数学的な問題ではなくて物理学的な問題なのだと君たちが気づいてくれれば，それは大いに役に立ちます．

この方法をいくつかの問題にあてはめてみることにします．まず，器械の設計，第二に衛星の運動，第三にロケットの推進，第四に粒子線屈折，それから，もしまだ時間があればパイ中間子の崩壊ともう２つ３つ．これらの問題はみな難しいけれど，これからやっていくとさまざまなことを示唆してくれる．ということで，どうなるかやってみよう．

2-7 器械設計の問題

まず，器械設計．問題はこうです：支点を持った棒が２本あり，それぞれ0.5メートルの長さで，2kgの錘を支えている．すでに聞いたことがあるような話でしょう．そして左側の棒の端につけられた車輪は器械で毎秒２メートルの一定の速さで前後に移動しているものとする．オーケー？ そこで問題は，錘の高さが0.4メートルのときその動きをさせるための力はどれだけか，というものです（図2-7参照）．

"この問題はもうやったよ．錘と釣り合う水平力は$\frac{3}{4}$kg重でしょ"と思っているかもしれない．

しかし僕は言う．"力は$\frac{3}{4}$kgではない，錘は動いているのだから"

そうすると君たちは反論するだろう．"物体が動いているときに，それが動き続けるために力が要るのか？ いらない！"

"しかし物体の動きを変えるためには力が要る"

"そうだけど，車輪は一定の速度で動いている！"

2.7 器械設計の問題　49

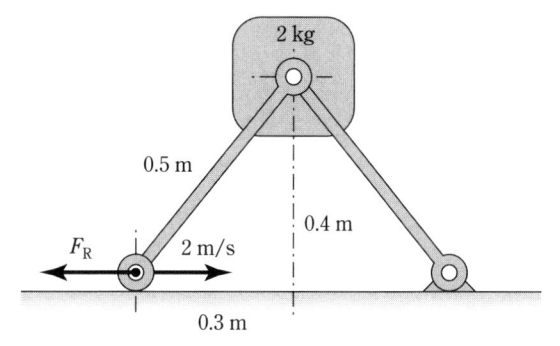

図2-7 作動中の単純器械．

"なるほどそうだ．それは正しい．車輪は毎秒2メートルという一定速度で動いている．しかし錘はどうだ．錘は一定速度で動いているのか．それを実感してみよう．錘はときに遅く，ときに速く動いているんじゃないのか？"

"うーん．それはそうだけど……"

"それじゃあ運動は変化しているんだ——それこそがわれわれの問題なんだよ．錘の高さが0.4メートルのとき車輪を毎秒2メートルという一定の速さで動かし続けるために必要な力を求めようというのだよ"

まず，錘の運動の変化がどうなっているのかをみてみよう．錘が上限の近くにあると，車輪はほぼその真下にあるから，錘は上下にはほとんど動かない．この位置では錘の動きは遅い．しかし，前のように錘が下のほうにあるとき，車輪をごくわずか右に動かすと——どうだろう．錘は車輪の動きの邪魔にならないようにすーっと上のほうに動かなければならない．したがって，車輪を押していくと錘は非常に速く動きだして，それから遅くなる．それでいいね？　非常に速く上がりだしてそれから遅くなるなら，加速度はどっちを向いているの？　加速度は下向きでなければならない．ちょうど錘を上向きに速く投げて，それが上のほうで遅くなるように——いわば，落ちてくるような感じで．だから，力は少なくなっていなければならない．ということは，いま求めようとしている車輪に働く水平力は，動いていないときよりも少ないということになる．それではどのくらい少ないのかを求めなければならない．（こんなことをいちいちやっているのは，僕はじつは方程式の符号

を正しくとるのが苦手だからなんだ．最終的には，実際の物理的な動きから符号がどっちを向いているのか決めなければならない．）

ところで，僕はこの問題を4回ほどやりました．毎回間違いをしながらやったんだけれども，最終的には正しい答えが得られました．最初に問題に取り組んだときにはいろんなことをとり違えます．僕は数字を間違えたし，自乗にするのを忘れもした．時間の符号を間違えたり，ほかにもいろいろな間違いもやった．しかしそうやってともかくいま正しい答えを得たのです．そのおかげで，どうやったら間違いなくやれるかを君たちに教えることができるというわけです．しかし正直なところ正解を得るためにはなんやかやけっこう手間がかかりました．（やぁ，ノートをなくさないでおいてよかった！）

さて，力を計算するには加速度がいる．固定された図を見ただけでは，加速度を求めるのは不可能です．変化の割合を求めるためには，固定していてはだめですね．というのも，"さて，これが0.3で，ここが0.4，またこれが0.5で，ここが毎秒2メートル，それで加速度は？"というわけにはいかないのです．簡単にやる方法はない．加速度を求める唯一の方法は全体的な動きを表わす表現を見つけてそれを時間について微分する[5]．そうすれば，いま注目のこの図に対応する時刻の値を書き入れることができる．

というわけで，錘がどこか任意の位置にあるという，もっと一般的な状況下でこれがどうなっているかを分析する必要があります．そこで，$t=0$ のときに支点と車輪がおなじ地点にあり，車輪は毎秒2メートルで動いているので t 秒後の両者の距離は $2t$ である．われわれが解析しようとしている時刻は両者が一緒になる0.3秒前としよう．すなわち $t=-0.3$ だ．ということは両者間の距離は実際には負の $2t$ であるけれども，$t=0.3$ を使って，距離を $2t$ としても別にかまわない．終わりまで行き着く間には符号を何回も間違えるけれど，はじめのところで力の符号がどうであるかをいろいろとやってみてあるので，最終的にはうまくいくはず．僕は数学は数学でやって，符号はそれとは別に物理で正しく求めるという方法をとる．その逆の方法はとらない．いずれにしても，ごらんのとおりうまくできた．（君たちはまねをし

---

5) 微分することなしに加速度を求める方法はあとで示す．(65頁)の別解A参照．

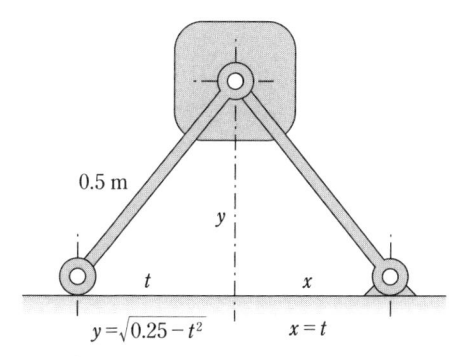

図 2-8 ピタゴラスの定理を使って錘の高さを求める．

てはいけないよ．これをやるのは難しすぎる——これには練習が必要なのだ！）

（ところで，t が何を意味するかを思いだしてみよう．t は支点と車軸が一緒になっている前の時刻，いわば負の時刻なのだ，と考えはじめると頭がおかしくなるが，しようがない——僕がそうやったのだから．）

さて，幾何学的配置は錘が常に車輪と支点の（水平にみて）中間点にくるようになっている．したがって，座標の原点を支点にとると，錘の x 座標は $x=\frac{1}{2}(2t)=t$ である．棒の長さは 0.5 であるから，錘の高さ，すなわちその y 軸の値はピタゴラスの定理により，$y=\sqrt{0.25-t^2}$ となる（図 2-8 参照）．想像できるかな，僕が最初にこの問題を解いたときには，十分注意深くやったつもりだったけど $y=\sqrt{0.25+t^2}$ としてしまったんだ．

次に，加速度を求めなければならないけれど，加速度には 2 つの成分がある．1 つは水平方向の加速度で，もう 1 つは垂直方向の加速度だ．水平方向の加速度があれば，水平方向の力があることになるが，この力は棒を通して下のほうへ追っていって車輪にかかる力がどれだけになるかを求めなければならない．この問題は見かけよりはやさしい．というのは水平方向の加速度がないからです．錘の x 座標は常に一定の速さで動いている車輪の x 座標の半分である．錘は車輪と同じ方向に，半分の速さで動く．したがって，錘は水平方向に毎秒 1 メートルの一定の速さで動く．横方向の加速度はない．ありがたいことに，上がったり，下がったりの加速度だけ心配すればいいのだから，問題はすこしやさしくなるというわけです．

そこで，加速度を求めるには錘の高さを2度微分しなければならない．一度目は y 方向の速度を求めるためであり，次は加速度を求めるためです．高さは $y=\sqrt{0.25-t^2}$ であるから，君たちはもうこれをすぐに微分できるはずで，その答えは次のようになります．

$$y' = \frac{-t}{\sqrt{0.25-t^2}}. \qquad (2.18)$$

錘は上に向かって動いているのに，これは負の符号をもっている．僕は符号についてはへまばかりやっているので，これはしばらくこのままにしておきます．いずれにしても速さは上を向いているから，t が正であるならばおかしいことになる．ところが，t は本当は負なんだ．したがってこれは正しい．

さてそこで加速度を計算します．これをやるにはいくつかの方法があります．普通の方法をとることもできるけど，僕は第1章で話した新しい"特製の"方法を使うことにします．ここでもう一度 y' を書いてみよう．そしてこういうのだ，"微分をしたい式の第1項は1乗の項であって，$-t$ だ．そして $-t$ の導関数は -1．微分したい次の項はマイナス2分の1乗の項であって，その項は $0.25-t^2$ だから，導関数は $-2t$ である．できた！"

$$y' = -t(0.25-t^2)^{-1/2}$$
$$y'' = -t(0.25-t^2)^{-1/2}\left[1\frac{-1}{(-t)} - \frac{1}{2}\frac{-2t}{(0.25-t^2)}\right]. \qquad (2.19)$$

というわけで任意の時刻の加速度が求まりました．力を求めるためには質量を掛ける必要がある．したがって慣性力，すなわち重力以外の，加速度があることによる力は質量，すなわち 2 kg を掛けると加速度となる．これに数字を入れてみよう．t は 0.3 で，$0.25-t^2$ の平方根は 0.25 引く 0.09 の平方根だから 0.16 の平方根，すなわち 0.4 ――うん，なんてうまくいくんだ！これでいいんだろう？ そう，そのとおりですよ．この平方根は y そのものと同じだから，図によれば t が 0.3 のとき y は 0.4 になる．よし，これでいいんだ．

（僕はいつも確かめながら計算をやっている．間違いがすごく多いからです．間違いを防ぐための1つの方法は計算を注意深くやること．もう1つは

得られる数字が意味をなしているかどうか，すなわち実際に起きていることと合っているかどうかをみてみることです．）

さてそこで計算をしてみると（僕が最初にこの計算をしたときは $0.25-t^2$ は 0.16 ではなく 0.4 だったんです．これを見つけるまでにはけっこう時間がかかった），いろいろやった末，どうにか数字[6]が得られて，約 3.9 となった．

というわけで加速度は 3.9 だから，それに対応する垂直方向の力は 3.9 掛ける 2 キログラム掛ける g となる．いやそれは違う！ ここでは g は関係ないということを忘れていた．3.9 が真の加速度なのだ．重力による垂直方向への力は 2 kg 掛ける重力の加速度 9.8 ——すなわち g——であるから，棒によって錘に加えられている力の垂直方向成分は，これらの力の和である．ただし片方の符号は負であって，2 つの力の符号は反対である．したがって，その差をとると次のようになる．

$$F_\mathrm{w} = ma - mg = 7.8 - 19.6 = -11.8 \text{ニュートン}. \qquad (2.20)$$

しかし，これは錘にかかっている垂直方向の力ですよ．車輪にかかる水平方向の力はどれだけか？ その答えは，車輪にかかる水平力は錘にかかる垂直方向の力の半分の 4 分の 3 ということになります．このことには前から気がついていた．だって，垂直方向に引っ張っている力は 2 本の棒で支えられているからそれぞれの棒は 2 分の 1．それから棒の幾何学的配置からみて，水平方向の成分の垂直方向成分との比は $\dfrac{3}{4}$——であるから，答えとして車輪にかかる水平方向の力は錘の垂直方向の力の 8 分の 3 だとわかるわけです．僕は，錘にかかるそれぞれの力の 8 分の 3 を計算してみました．重力に対しては 7.35，慣性力に対しては 2.925 となって，その差は 4.425 ニュートンです．これは錘がその場所に止まっている場合に車輪に加えている水平方向の力に比べて約 3 ニュートン少ないということになります（図 2-9 参照）．

いずれにしても，器械はこうやって設計するんです．この器械を動かすのにはどれだけの力が必要かがわかるでしょう．

そこで君たちは，これが正しいやり方なのかと聞くでしょう．そんなものはないのです．何かをやるのに"これが正しい"なんていう方法はない．そ

---

[6] 3.90625

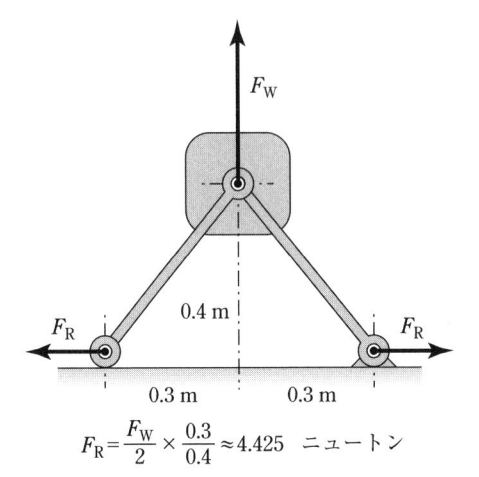

$$F_R = \frac{F_W}{2} \times \frac{0.3}{0.4} \approx 4.425 \quad \text{ニュートン}$$

図 2-9 相似の三角形をつかって車輪にかかっている力を求める.

れをやる何か正しい方法があるかもしれないけれども，それが唯一の正しい方法とは限らない．なんでも君たちの好きな方法でやればよろしいのです．（ああ，ちょっとまてよ：ものごとをやるのに正しくない方法というのはあるなぁ……．）

　さて，僕が十分に頭がよければこれを見ただけで力がどれだけか，たちどころにわかるわけだが，十分には賢くない．そこで何かうまい方法を見つけなければならない．しかしやり方はたくさんある．そのうちのもう1つの方法を紹介しておきますが，これは実際の器械の設計をする場合などに，たいへん役に立ちます．ところで，いま扱った問題は棒の長さを等しくするなどして計算がそのぶん複雑でなくなってやさしくなっていました．しかし実物についての物理的な考察があれば幾何学的には単純な形ではなくても別なやり方で全体を理解することができます．その，面白い別の方法は次のようなものです．

　いまたくさんの棒があってたくさんの錘を動かしているとします．実際にそれは可能です．そうするとこの装置を動かして棒の作用ですべての錘が動き出すと，ある仕事 W がなされることになる．ある時刻をとって考えると，ある動力すなわち仕事率 dW/dt で動いている．それと同時にすべての錘の

もつエネルギー E はある率 dE/dt で変化していて，この両者は互いに等しくなければならない．すなわち，仕事率は錘の持つ全エネルギーの変化率と一致しなければならないということになる．すなわち，

$$\frac{dE}{dt} = \frac{dW}{dt} \tag{2.21}$$

ということです．

ところで，すでに講義で述べたように，仕事率は力に速度を掛けたものに等しい[7]．すなわち，

$$\frac{dW}{dt} = \frac{\boldsymbol{F} \cdot d\boldsymbol{s}}{dt} = \boldsymbol{F} \cdot \frac{d\boldsymbol{s}}{dt} = \boldsymbol{F} \cdot \boldsymbol{v} \tag{2.22}$$

となり，したがって，

$$\frac{dE}{dt} = \boldsymbol{F} \cdot \boldsymbol{v} \tag{2.23}$$

が得られます．

ここでの考え方はこうです．ある瞬間に錘はある速さをもっている．ということは，運動のエネルギーをもっている．また，錘は地上のある高さにある．ということは，位置のエネルギーをもっている．したがって，錘がどれだけの速さで動いているか，また，どういう位置にあるかを知ることができて，錘の持つ全エネルギーを知ることができれば，それを時間で微分すると，それは装置に加えられている力の，物が動いている方向への成分と物の速さの積に等しいということです．

われわれが扱っている問題にそれが使えるかどうかやってみよう．

まず，車輪を v_R の速さで動かしているとき力 F_R でそれを押しているとする．装置全体の持つエネルギーの時間変化率は，この場合，力と速度とはどちらも同じ方向だから，力の大きさにその速さを掛けた $F_R v_R$ に等しくなければならない．ところでこれは一般的な公式ではない．もし僕が君たちに何か別の方向の力の場合はどうかときいたら，この論法で直接この結果を得ることはできません．というのは，この方法は加えられた力の，仕事をする方

---

[7] 『ファインマン物理学』第 I 巻，第 13 章参照．

向への成分だけを与えるからなんです．（もちろん，力が棒を伝わっていくことは知っているので，間接的に求めることはできる．また，何本かの棒がつながれている場合でも，運動の方向を向いた力をとりだして扱えば，この方法は使えます．）

　この装置の制約条件となっているもの，すなわち，この装置が正常に動くようにしている車輪や支点やそのほかのすべての装置からの力によってなされる仕事はどうか？　何かほかのものがそれらのものに作用していない限り，仕事はなされていない．たとえば，だれかほかの人が向こう側に座っていて，僕が一方の棒を押しているときに，ほかの棒を引っ張っているとする．そうなると僕はその人がした仕事を考えに入れなければならない．しかし，この場合誰もそんなことはしていない．したがって，$v_R=2$ であるから，

$$\frac{dE}{dt} = 2F_R \tag{2.24}$$

となります．というわけで，dE/dt が求まれば準備はできた．2で割って，ごらんのとおり，力だ！

　いいかね？　さあはじめよう！

　いま，われわれは錘の全エネルギーを運動エネルギーと位置のエネルギーの2つに分けた．位置のエネルギーは簡単で mgy だ（表2-3参照）．y は0.4メートル，m は2 kg，g は9.8 メートル/秒^2 とわかっているから，位置のエネルギーは $2\times 9.8\times 0.4=7.84$ ジュール である．そして，運動エネルギー．ごちゃごちゃとやった後で錘の速度を求めて，運動エネルギーを出す．それはいますぐやってみせます．そうすれば全エネルギーがわかるので準備は完了ということになります．

　ところが，残念ながら準備完了ではないのです．エネルギーを求めたいのではないのです！　ほしいのはエネルギーの時間についての導関数なんです．あるものの現在の値がわかったからといってそれがどのくらいの速さで変化しているかはわからない．2つのごく接近した時刻での値，すなわち現在とその一瞬後を求めるか，数学的表現を使いたいのであれば任意の時刻 t についての値を求めてそれを時間で微分するかのどちらかです．どっちがやりやすいかによるが，2つの位置について求めるほうが，一般的な幾何学的配置

についての表現を求めて微分するより，数値的にははるかに容易かもしれない．

（たいがいの学生は，すぐにこの問題を数学的な表現にもちこんで，微分するという方法をとろうとします．これは，記号を使わずに数値を使うことがいかに便利で計算が楽かというありがたみを実感したことがないからでしょう．とはいうものの，ここでは記号でやります．）

さて，ふたたびこの問題を解き，$x=t$, $y=\sqrt{0.25-t^2}$ から，導関数を求めなければなりません．

まず，位置のエネルギー (P.E.) を求めるが，これは簡単．mg 掛けるその高さ y で次のようになる．

$$\begin{align}\text{P.E.} = mgy &= 2\,\text{kg} \times 9.8\,\text{m/s}^2 \times \sqrt{0.25-t^2}\,\text{m} \\ &= 19.6\,\text{ニュートン} \times \sqrt{0.25-t^2}\,\text{m} \\ &= 19.6\sqrt{0.25-t^2}\,\text{ジュール}. \end{align} \tag{2.25}$$

しかしもっと興味深くて，難しいのは運動エネルギーだ．運動エネルギーは $\frac{1}{2}mv^2$ であるから，運動エネルギーを求めるには速度の自乗を求めなければならないが，これにはたいへんな手間がかかる．速度の自乗は速度の x 方向成分の自乗に y 方向成分の自乗を加えたものだが，y 方向成分は前にやったようにして求められる．そして x 方向成分．これもすでに言ったように，1 なので，これらを自乗して加えればいい．しかし，まだそれをやっていなかったとして，速度を求めるために何かほかの方法をさがそうとしたらどうなるだろうか．

優秀な機械設計者はこんなことを考えてから，ふつう幾何学的な原理と装置の構造の両面とから考えていく．たとえば，支点は固定されているから，錘はそのまわりの円周上を動かなければならない．そうすると，錘の速度の方向はどうならなければならないか？ 棒に平行した成分はない．平行した成分があるとすれば棒の長さが変わることになる，そうだよね？ したがって，速度ベクトルは棒に直角である（図 2-10 参照）．

そこで，君たちはこうつぶやくかもしれない．"これはいい！ このやり方を覚えておこう！"

そうはいかない．この方法はごく特別な問題だけにしか使えないのです．

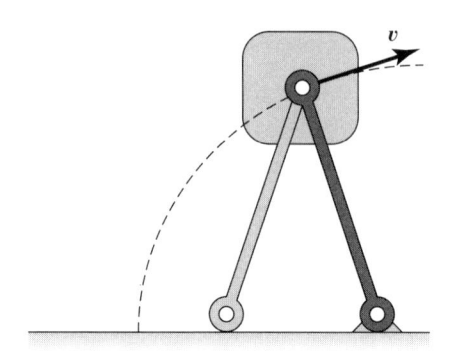

図 2-10 錘は円周上を動く．したがって速度は棒に直角方向である．

たいがいの場合にはこの方法は使えない．固定点のまわりを回っているものの速度が必要になる場合にであうのはきわめてまれです．"速度は棒に直角方向である"などという決まりはないのです．君たちはできるだけ常識を使うようにしなければならない．何なにというような特別な法則についてではなくて，装置を幾何学的にとらえて分析をすることの重要性をここでは言いたいのです．

というわけで，速度の方向はわかった．速度の水平方向の成分はもうわかっていて，車輪の速さの半分だから 1 だ．ところがよく見てみなさい！ 速度そのものは直角三角形の斜辺，しかも棒を斜辺とする直角三角形に相似の直角三角形の斜辺になっている．速度の大きさを求めるのは，その水平方向の成分との比を求めるのと同じ．その割合は，すでに十分わかっているもうひとつの三角形から求めることができる(図 2-11 参照)．

ということでけっきょく運動エネルギーは次のようになる．

$$\text{K.E.} = \frac{1}{2}mv^2 = \frac{1}{2} \times 2 \text{ kg} \times \left(\frac{0.5}{\sqrt{0.25-t^2}} \text{ m/s}\right)^2$$
$$= \frac{1}{1-4t^2} \text{ ジュール}. \tag{2.26}$$

ところで，符号はというと，運動エネルギーはこれは正だ．そして位置エネルギーも距離を床から測っているから正，ということで符号はわかった．したがって任意の時刻のエネルギーは，

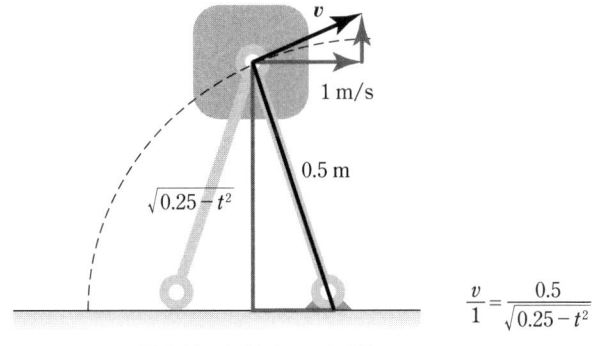

図 2-11　相似形の三角形をつかって錘の速度を求める．

$$E = \text{K. E.} + \text{P. E.} = \frac{1}{1-4t^2} + 19.6\sqrt{0.25-t^2} \quad (2.27)$$

となる．

　さてこの方法を使って力を求めるには，エネルギーを微分しなければならない．そして 2 で割れば準備完了．(ここでやっている方法は簡単そうにみえるがそうではない．じつは僕自身，間違いなくやるのに何度もやりなおしているのだ！)

　よし，エネルギーを時間で微分しよう．君たちはもう微分の仕方はよくわかっているはずだから，そんなことで時間つぶしているひまはない．というわけで，dE/dt は次のようになります(これは，たまたま必要な力の 2 倍になっています)．

$$\frac{dE}{dt} = \frac{8t}{(1-4t^2)^2} - \frac{19.6t}{(0.25-t^2)^{1/2}}. \quad (2.28)$$

　これでやることは全部すんだ．あとは t のところに 0.3 を入れればそれで完了．

$$\frac{dE}{dt}(0.3) = \frac{2.4}{0.4096} - 19.6 \times \frac{0.3}{0.4}$$
$$\approx -8.84 \text{ ワット} \quad (2.29)$$

となります．

　さて，この答えがおかしくないかみてみよう．もし運動していなければ，

運動エネルギーについて考える必要がなくて，錘の全エネルギーは位置のエネルギーに等しくなり，その導関数は錘の重さによるものに等しくならなければならない[8]．そしてまさにそのとおり，第1章で計算したとおりになって，2 掛ける 9.8 掛ける $\frac{3}{4}$ となります．

dE/dt の符号は負です．それが何を意味するかは別として，働いている力の重力による部分は負で，慣性力による部分は正です．互いに逆方向を向いている．それさえわかっていればいいのです．力の重力による成分がどっちを向いているかわかっていて，錘を支えるためには車輪を押さなければならない，ということは，慣性力は重力による力を減らす方向でなければならないということです．数値を入れてみると，思ったとおり力は前に求めた値と同じになって，

$$2F_\mathrm{R} = \frac{dE}{dt} \approx -8.84$$
$$F_\mathrm{R} \approx -4.42 \text{ニュートン} \tag{2.30}$$

です．

実際のところ，僕がこうやって何度もやらなければならないのはこういうわけなんです：まず，問題を解いてみて，間違った答えにすっかり満足したあとで，もう1つまったく別の方法でやってみる．そして別の方法でやってみて，またまったく別の答えにまた満足する！　一生懸命やるうちに，"おれは，数学が矛盾したものであることを遂に発見したぞ！"なんて思うことがあったりするんです．でも，そのあとまもなく，僕が最終的にたどり着いたと同じように，自分の間違いに気がつくのです．

いずれにしても，いま2つの解き方を紹介しましたが，問題を解くのに唯一の方法と決まったものはないです．知恵を働かせれば働かせるほどより簡単な解法をみつけることができるのですが，それにはそうとうな経験が必要です[9]．

---

[8] エネルギーの車輪位置についての導関数が車輪にかかっている力の大きさである．しかしこの問題では，車輪の位置はたまたま $2t$ となっているから，エネルギーの t についての導関数は車輪に作用している力の2倍である．

[9] この問題の別の3種類の解き方については章末の「別の解法」参照 (65頁)．

2-8 地球からの脱出速度

あまり時間が残っていないのですが，次に話をするのは衛星の運動に関連したものです．この話については，ここでは全部を話すわけにはいかないので，また後で話をつづけることになりますが，最初の問題は，地球の表面からはなれるのに必要な速度はどれくらいか，というものです．ある物体が地球の引力からちょうど逃れられるためにはどれだけの速さでなければならないか．

さて，それをやる1つの方法は引力が働いているときの物体の運動を計算することですが，もう1つエネルギーの保存則をつかう手があります．その物体がはるか彼方，無限に遠くに到達したときには運動エネルギーはゼロで，位置のエネルギーは無限遠に見合った何か適当な値になる．重力のポテンシャルの公式は表2-3に示してありますが，それによれば，無限遠にある粒子の位置のエネルギーはゼロです．

したがって，ある物体が地球を脱出速度ではなれるときの全エネルギーはその物体が無限遠までいって地球の重力によって速度ゼロまで減速された（ほかの力は何も働いていないとする）ときのエネルギーに等しい．すなわち，M を地球の質量，R を地球の半径，G を万有引力定数とすると，脱出速度の自乗は $2GM/R$ でなければならないことがわかります．

$r=\infty, v=0$ のとき　　　　　　　　　$r=R, v=v_{脱出}$ のとき

$$(\text{K.E.}+\text{P.E.}) = (\text{K.E.}+\text{P.E.})$$

（エネルギー保存）

$r=\infty$ のとき　P.E.$=-\dfrac{GMm}{\infty}=0$　　　$r=R$ のとき　P.E.$=-\dfrac{GMm}{R}$

$v=0$ のとき　　　K.E.$=\dfrac{m0^2}{2}=0$　　　$v=v_{脱出}$ のとき　K.E.$=\dfrac{mv_{脱出}^2}{2}$

+ ───────────────── 　　　+ ─────────────────

$$0 = \left(-\dfrac{GMm}{R}+\dfrac{mv_{脱出}^2}{2}\right)$$

$$\therefore \quad v_{脱出}^2 = \dfrac{2GM}{R} \qquad (2.31)$$

図 2-12 の図中のラベル：

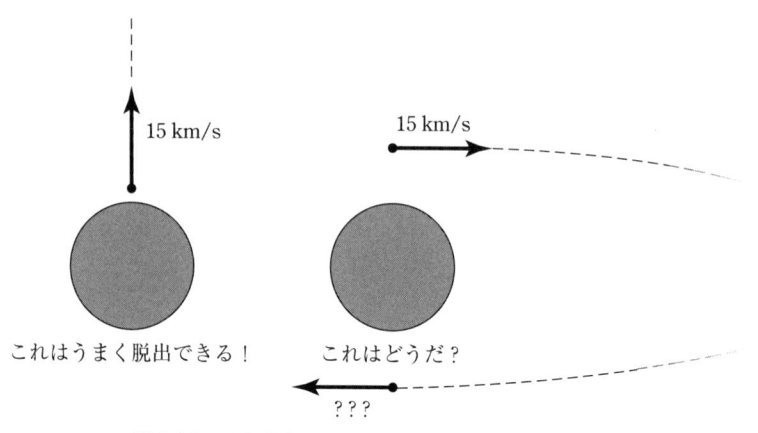

- 15 km/s（上向き）「これはうまく脱出できる！」
- 15 km/s（横向き）「これはどうだ？」
- ???（反対向き矢印）

図 2-12 脱出速度をもつことは脱出を保証するのか？

ところで，重力の加速度 g（地球表面での重力の加速度）は，質量 m に働く重力による力は $mg = GMm/R^2$ であるという法則により，GM/R^2 です．したがって，重力の加速度という覚えやすい単位を使うと，$v^2 = 2gR$ と書いてもよいことになります．そうすると，g は $9.8\,\mathrm{m/s^2}$ であり，地球の半径は 6400 km ですから，脱出速度は次のようになります：

$$v_{\text{脱出}} = \sqrt{2gR} = \sqrt{2 \times 9.8 \times 6400 \times 1000} = 11{,}200\,\mathrm{m/s}. \quad (2.32)$$

というわけで，脱出するためには毎秒 11 キロメートルというかなり速い速さで飛び出さなければならないことになります．

次に，たとえば毎秒 15 キロメートルの速さで飛んでいて，地球を通りすぎていったらどうなるかについて話をしよう．

さて，秒速 15 キロメートルだと，地表面をまっすぐに飛び上がって脱出することができる．では，真上にいかなくっても脱出するということは自明か？　その物体がぐるっと回ってもとへ戻ってしまうということはあるのか？　この結論は自明ではありません．少々考えなければならない．"脱出するのに十分なエネルギーをもっている"というかもしれないが，その方向への脱出速度を計算してもいないのにどうしてそれがわかるか．地球の重力による横方向への加速度がその物体を方向転換させるのに十分だけあるといえないのだろうか（図 2-12 参照）．

それは原理的には可能です．君たちもこの法則を知っていると思うが，そ

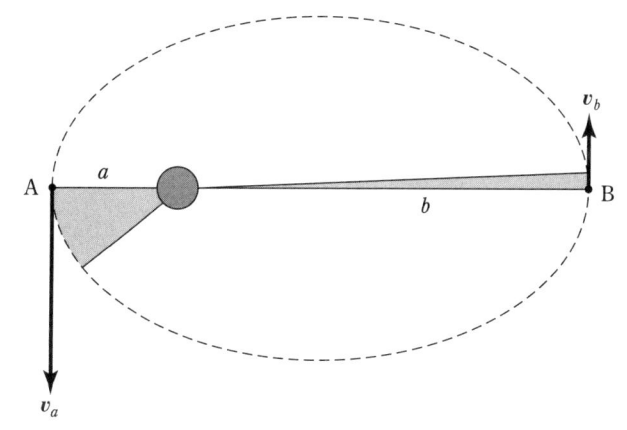

図 2-13 遠日点と近日点における衛星の距離と速度.

の物体は同じ時間に同じだけの面積を描きます．したがってはるか彼方へ飛んでいったときでも何か横向きの動きがなければならない．脱出に必要な運動の一部が横方向を向いていないかどうかはっきりしていないから，毎秒 15 キロメートルの速さでも脱出できないかもしれない．

実際のところは，毎秒 15 キロメートルで脱出します．速度が，われわれがいま求めた脱出速度より大きければ脱出するのです．脱出できるということは，脱出するということなのです．これは自明ではないので，次回に説明しようと思うけれども，僕がその説明をどうやろうとしているかについてのヒントをいまここで与えておく．だから，君たちなりにいろいろやってみるといい．それはこうだ．

図 2-13 に示すように，地球から最も近い距離 a と最も遠い距離 b にある 2 点，A と B でのエネルギーの保存を使います．そして問題は b を計算することです．われわれは物体の点 A における全エネルギーを知っているけれど，エネルギーは保存されるから，これは B におけるものに等しい．ということは，B における速度がわかれば，その位置のエネルギーは計算できるから，b もわかるということになる．しかし B における速度がわからない！

でも，じつはわかっている：同じ時間内には同じ面積だけ覆うというケプラーの法則から，B における速さは A における速さよりある割合だけ——実

際には a と b の比率だけ——遅いということがわかっているからです．この関係を B での速さを求めるのに使うと，距離 b を a の関数として表わすことができるのですが，それについては次回にゆずります．

別の解法

マイケル・A. ゴッドリーブ

第 2-7 節であつかった器械設計問題の別の解法を 3 つ紹介しておきます．

A 幾何学的手法を用いて錘の加速度を求める方法

錘はつねに水平軸上では車輪と支点の中点にあるので，その水平方向の速さは，車輪の速さの半分 1 m/s です．錘は(支点を中心とした)円周上を動くので，その速度は棒に直角になります．そこで，三角形の相似を使えば錘の速度を求めることができます(図 2-14(a)参照)．

錘は円周上を動くのでその加速度の半径方向の成分は式(2.17)に示すように

$$a_{半径} = \frac{v^2}{r} = \frac{(1.25)^2}{0.5} = 3.125$$

となる．また錘の鉛直方向の加速度 a_y は半径方向の成分 $a_{半径}$ とその直角方向の成分 $a_{直角}$ の和となります(図 2-14(b)参照)．

そこでふたたび三角形の相似を使えば，垂直方向の加速度が得られて次のようになります．

$$a_y = \frac{a_y}{a_{\rm rad}} \times a_{\rm rad} = \frac{0.5}{0.4} \times 3.125 = 3.90625.$$

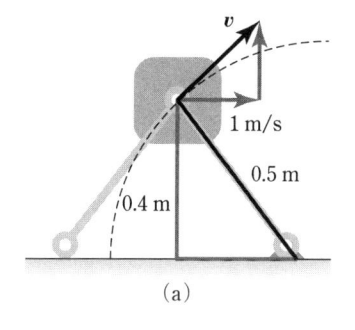

図 2-14 (a) $\dfrac{v}{1} = \dfrac{0.5}{0.4}$ (b) $\dfrac{a_y}{a_{半径}} = \dfrac{0.5}{0.4}$

B 三角関数を使って錘の加速度を求める方法

錘は半径 $\frac{1}{2}$ の円周上を動くから,その運動の方程式は棒と地面との間の角度によって表わすことができます(図 2-15 参照).

$$x = \frac{1}{2} \cos \theta$$

$$y = \frac{1}{2} \sin \theta .$$

錘の水平方向の速さは 1 m/s(車輪の速さの半分)なので,$x=t$ となり,$dx/dt=1$. したがって $d^2x/dt^2=0$ となる.垂直方向の加速度は y を t について 2 度微分すれば求められるけれど,$t=\frac{1}{2}\cos\theta$ なので,まず,

$$\frac{d\theta}{dt} = \frac{2}{\sin \theta}$$

となり,したがって,

$$\frac{dy}{dt} = \frac{1}{2} \cos \theta \cdot \frac{d\theta}{dt} = \frac{1}{2} \cos \theta \cdot \left(-\frac{2}{\sin \theta}\right) = -\cot \theta$$

$$\frac{d^2y}{dt^2} = \frac{1}{\sin^2 \theta} \cdot \frac{d\theta}{dt} = \frac{1}{\sin^2 \theta} \cdot \left(-\frac{2}{\sin \theta}\right) = -\frac{2}{\sin^3 \theta}$$

となります.

$x=t=0.3$ のとき $y=0.4$ であり,よって $\sin\theta=0.8$ $\left(y=\frac{1}{2}\sin\theta \text{ だから}\right)$ となり,したがって垂直方向の加速度の大きさは次のようになります.

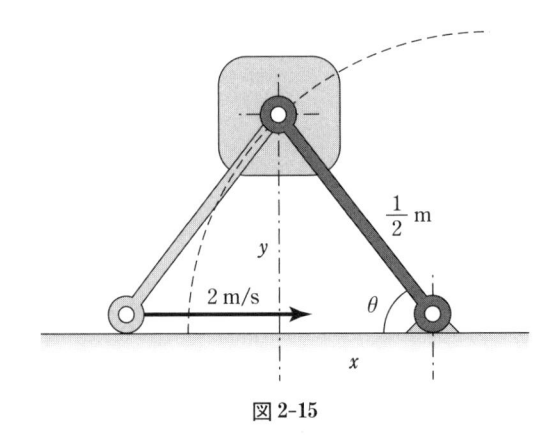

図 2-15

$$a_y = \left| \frac{d^2y}{dt^2} \right| = \frac{2}{(0.8)^3} = 3.90625.$$

C 錘にかかる力をトルクと角運動量から求める

錘にかかるトルク（99頁の訳注参照）は $\tau = xF_y - yF_x$ です．そして錘は水平方向に 1 m/s で動くので錘にかかる水平力はないから，$F_x = 0$ であって，ここで，$x = t$ とおくとトルクは $\tau = tF_y$ となります．ところがトルクは角運動量を時間で微分したものですから，もし錘の角運動量 L を知ることができれば，それを微分して t で割れば F_y を求めることができます．次のようになります．

$$F_y = \frac{\tau}{t} = \frac{1}{t}\frac{dL}{dt}.$$

錘は円周上を動くのでその角運動量は簡単に求めることができます．すなわち角運動量は棒の長さ r に錘の運動量，これは質量 m 掛ける速さ v に等しい，を掛けたものです．そして，速さはファインマンの幾何学的方法(図 2-16 参照)から求めるか，あるいは錘の運動の方程式を微分することによって求めることができます．

これらをまとめ合わせると次のような結果になります．

$$F_y = \frac{1}{t}\frac{dL}{dt} = \frac{1}{t}\frac{d}{dt}(rmv) = \frac{rm}{t} \cdot \frac{d}{dt}\left(\frac{0.5}{\sqrt{0.25 - t^2}}\right)$$

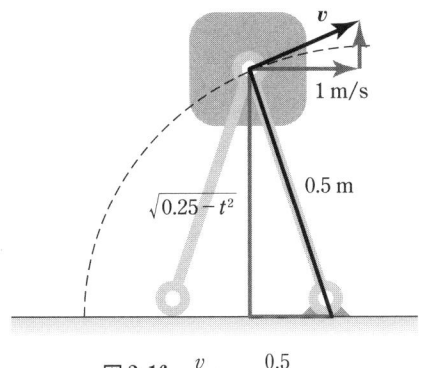

図 2-16　$\dfrac{v}{1} = \dfrac{0.5}{\sqrt{0.25 - t^2}}$

$$= \frac{0.5 \cdot 2}{t} \cdot \frac{0.5t}{(0.25-t^2)^{3/2}} = \frac{4}{(1-4t^2)^{3/2}}.$$

時刻 $t=0.3$ としてみると，$F_y=7.8125$ となって，これを 2 kg で割ると，われわれが以前に求めたのと同じ垂直方向の加速度，3.90625 が得られます．

3

さまざまな問題とその解
物理が苦手な学生のための補講 C

たくさんの問題を解いて物理を勉強する補講をもう1回やります．僕が選んだ問題はみんな念入りに考えられていて，けっこう複雑で難しいものばかりです．やさしい問題は君たちが自分でやればいいからね．ところで，大学のたいがいの先生たちが悩んでいるのと同じ悩みを僕ももっています．どう考えても時間がたりないということです．にもかかわらず，僕は明らかに解けそうもないほどたくさんの問題を考えついてしまった．そこで講義が始まる前にあらかじめ黒板に書いておいてスピード化をはかろうと思ってみました．しかし，これはたくさん話せばそれだけ多く教えられるという大学の先生がもちがちな幻想ですね．もちろん，人間の頭が理解できる速さにはある限界がある．にもかかわらず速くやろうとしたってそれはよくない．ということで，僕はゆっくりやることにしました．それでどこまで行けるかやってみましょう．

3-1 衛星の運動

この前の講義で話していた問題は衛星の運動でした．われわれが問題にしていたのは，ある粒子が太陽あるいは衛星でも何かほかの質量 M でもいいのですが，そういったものから距離 a のところを半径に直角な方向に動いていて，その位置での脱出速度をもっているとすると，その粒子はほんとうに脱出するか——これは自明ではない——というものでした．半径方向にそってまっすぐに飛んでいるのであればそれは脱出するでしょう．しかし，半径と直角方向に向かっている場合に脱出するかどうかは，別問題です（図3-1

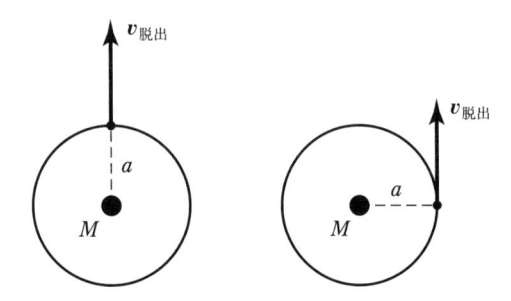

図 3-1 半径とおなじ方向の脱出速度と直角方向の脱出速度.

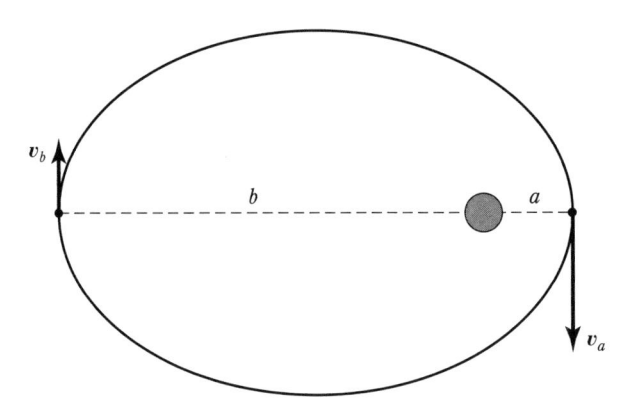

図 3-2 衛星の楕円軌道における近日点と遠日点での速度と距離.

参照).

ところで，もしケプラーの法則を部分的にでも覚えていれば，それにエネルギー保存の法則みたいなものをつけ加えてみると，粒子が脱出しないときには楕円軌道を描くということがわかります．その際どのくらい遠くまで到達するかということもわかります．それが，いまここでやろうとしていることです．もし楕円の近日点を a とすると，遠日点 b はどれほどはなれているか？（ところで，黒板にこの問題を書きたいんだけど"キンジツテン"てどう書くんでしたっけ！）（図 3-2 参照）．

前回はエネルギー保存の法則を使って脱出速度を求めました（図 3-3 参照）．

図 3-3 距離 a における質量 M からの脱出速度.

$$\text{K.E.} + \text{P.E.}(r{=}a) = \text{K.E.} + \text{P.E.}(r{=}\infty)$$

$$\frac{mv_{\text{脱出}}^2}{2} - \frac{GmM}{a} = 0+0$$

$$\frac{v_{\text{脱出}}^2}{2} = \frac{GM}{a} \tag{3.1}$$

$$v_{\text{脱出}} = \sqrt{\frac{2GM}{a}}.$$

さて，これは半径 $r=a$ のところでの脱出速度を求める公式ですが，$r=a$ での速度 v_a が任意の値であるとして，b を v_a の関数として求めるとしたらどうか．エネルギー保存の法則によれば，粒子の近日点での運動エネルギーに位置のエネルギーを加えたものは，遠日点での運動エネルギーに位置のエネルギーを加えたものに等しい．ということで，まずこれを使って b を求めたくなる．

$$\frac{mv_a^2}{2} - \frac{GmM}{a} = \frac{mv_b^2}{2} - \frac{GmM}{b}. \tag{3.2}$$

しかし，インフリザメンテ！[1]，v_b がわからないから，v_b を求めるための何かほかの道具を使うか解析するかしない限り式(3.2)を解いて b を求めることはできないんです．

しかし，ここでもしケプラーの等面積の法則を思い出せれば，粒子は遠日点と近日点では同じ時間内に同じだけの面積を"なめる"ということに気がつ

---

[1] インフリザメンテ (infelizamente) は，ブラジル系ポルトガル語で"ざんねんながら"の意.

72　3 さまざまな問題とその解

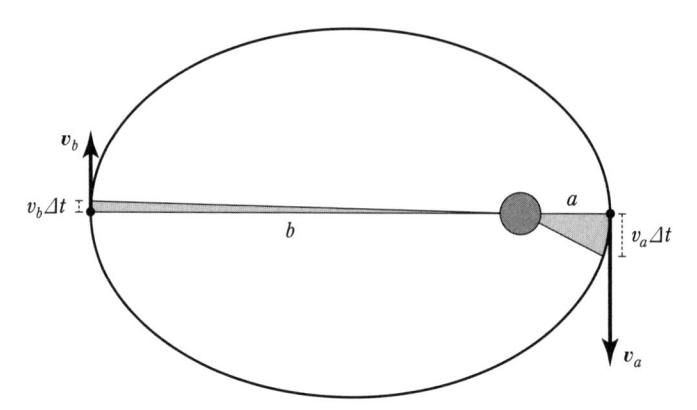

図 3-4　ケプラーの等面積の法則を用いて遠日点での衛星の速度を求める．

きます．すなわち，粒子は近日点では短時間 Δt 内に $v_a\Delta t$ だけ動くから，$av_a\Delta t/2$ だけの面積をなめる．一方，遠日点では粒子は $v_b\Delta t$ だけ動くから，$bv_b\Delta t/2$ だけの面積をなめる．したがって"等面積"ということから $av_a\Delta t/2$ と $bv_b\Delta t/2$ とは等しくなることがわかって，そのことから速度の大きさは半径に反比例することがわかります（図 3-4 参照）．

$$\frac{av_a\Delta t}{2} = \frac{bv_b\Delta t}{2}$$
$$v_b = \frac{a}{b}v_a. \tag{3.3}$$

これで v_a の関数として v_b を表わすことができました．そしてこれをさらに式(3.2)に代入すれば，b を求める式になるわけです．

$$\frac{mv_a^2}{2} - \frac{GmM}{a} = \frac{m\left(\dfrac{a}{b}v_a\right)^2}{2} - \frac{GmM}{b}. \tag{3.4}$$

これを m で割って，式を整理すると，

$$\frac{a^2v_a^2}{2}\left(\frac{1}{b}\right)^2 - GM\left(\frac{1}{b}\right) + \left(\frac{GM}{a} - \frac{v_a^2}{2}\right) = 0. \tag{3.5}$$

式(3.5)をしばらく眺めていると，"そうか，これに b^2 を掛けると，b についての 2 次式になる"といいたくなる．あるいは，この式をそのままあつ

3.1 衛星の運動

かって，$1/b$ についての 2 次式を解くこともできる――どちらでもいいです．そうすると $1/b$ についての解は，

$$\frac{1}{b} = \frac{GM}{a^2 v_a{}^2} \pm \sqrt{\left(\frac{GM}{a^2 v_a{}^2}\right)^2 + \frac{v_a{}^2/2 - GM/a}{a^2 v_a{}^2/2}}$$

$$= \frac{GM}{a^2 v_a{}^2} \pm \left(\frac{GM}{a^2 v_a{}^2} - \frac{1}{a}\right) \tag{3.6}$$

となります．

君たちは 2 次方程式の解き方についてはよく知っているでしょうから，ここから先，代数について話すつもりはありません．さて，この場合 2 つの解があります．その 1 つは b と a が等しいというものです．これはたまたまそうなるのですが，式(3.2)を見れば明らかなことでした．でも，これはこれで方程式が成立するというのですからそれでいいのです．（もちろん b と a が等しいというわけではありません．）そして，もう 1 つの解から a の関数としての b を表わす式を得ることができます：

$$b = \frac{a}{\dfrac{2GM}{av_a{}^2} - 1}. \tag{3.7}$$

そこで問題は，距離 a における v_a と脱出速度との関係が簡単にわかるような公式をつくれるかということです．ここで式(3.1)から $2GM/a$ が脱出速度の自乗であるということに気がつけば次のような公式が得られることがわかります：

$$b = \frac{a}{(v_{脱出}/v_a)^2 - 1}. \tag{3.8}$$

これが最終結果ですが，面白いことに気がつきます．まず，v_a が脱出速度より小さかったとしよう．このとき，粒子は脱出しないから b は何かもっともらしい値になるはずです．そのとおりで，もし v_a が $v_{脱出}$ より小さければ，$v_{脱出}/v_a$ は 1 より大となって，その自乗もしたがって 1 より大になる．これから 1 を引くと，うまい具合に正の値が得られるから，a をその数値で割れば b が求まるというわけです．

われわれの解析の正しさをざっと確かめるには，以前 9 番目の講義[2)]でや

った軌道の数値計算結果とつき合わせてみて，あのときに求めた b が式(3.8)から得られた b にどのくらい近いかを比べてみるといいです．どうして完全に一致しないのかって？ それはもちろん，積分の数値計算では時間を連続ではなく小さく区切った間隔のつながりとして扱っているためにまったく正しいというわけではないからです．

いずれにしても，これが v_a が $v_{脱出}$ より小さいときの b の求めかたです．(ところで，b と a がわかっていれば，半長径がわかり，したがって式(3.2)から軌道をまわる周期を求めることもできます．)

しかし興味深いのはこういうことです．まず，v_a がちょうど脱出速度に等しいとしましょう．そうすると $v_{脱出}/v_a$ は 1 になって，式(3.8)から b は無限大ということになる．ということは，軌道は楕円ではなくて，無限の彼方へ飛んでいくということになります．(この特別の場合には，放物線軌道になるということを示すことができます．)以上のことから，君たちが星や惑星の近くにいて脱出速度で動いているとすると，どっちの方向を向いていようが——方向がおかしいからといって星につかまったりしないで——ちゃんと脱出します．

またもう 1 つの疑問は，v_a が脱出速度より大きかったらどうなるか，ということです．そのときは $v_{脱出}/v_a$ が 1 より小ですから b は負で実在の b はなく，これは意味をもたないことになります．物理的にはこの解の意味するところは次であると考えられます．すなわち脱出速度をはるかに超えるような高速で近づいてくる粒子は屈折されるけれども，楕円軌道ではない．実際には双曲線軌道になります．ということで，太陽のまわりをまわっている物体の軌道はケプラーが考えたように楕円だけというのではなく，より高速の物体までも考えにいれると楕円，放物線，双曲線といったものが含まれるのです．(ここでは軌道が楕円，放物線，双曲線になるということは証明しなかったけれども，ともかくそうなるのです．)

---

2) 『ファインマン物理学』第 I 巻 9-7 節参照．

3-2 原子核の発見

軌道が放物線になる話は面白いだけではなくて，たいへん興味深い歴史的な意味をもっていますので，ここに紹介しておきます．まず図3-5を見てください．いま，非常に速い限界に近いスピードと小さな力を考えます．すなわち，その物体は非常に速く，一次近似としては直線的に通りぬけようとしているような速さで動いているものとします（図3-5参照）．

そこで，$+Zq_{el}$ という電荷（ここで $-q_{el}$ は電子の電荷を表わす）をもった原子核があったとして，そこから距離 b だけ離れたところを通り過ぎようとしている，電荷をもつイオンのような粒子（ほんとうはアルファ粒子で実験がおこなわれた）があるとする．どんな粒子でもかまわないが，ここでは陽子を考え，質量 m，速度 v，電荷 $+q_{el}$（アルファ粒子の場合は $+2q_{el}$）であるとしよう．陽子は直線状には進まないでごくわずか屈折させられる．そこで質問は，どのくらいの角度で屈折するか，というものです．ここでは厳密には解かないで，角度が b の関数としてどのように変わるかの感じをつかむことにします．（ここでは非相対論的に扱うけれども相対論を入れるのは簡単です——君たち自身でやれるようなわずかな変更でやれます．）もちろん，b が大きくなればなるほど角度は小さくなるべきです．そこで問題は角度が小さくなるのは，b の自乗にしたがってか，3乗にしたがってか，それとも b にしたがってか，あるいは何かということになります．どんなことになりそうか，まずは感じをつかみたいわけです．

（実際のところ，これは複雑な問題やなじみのない問題に取りくむときに

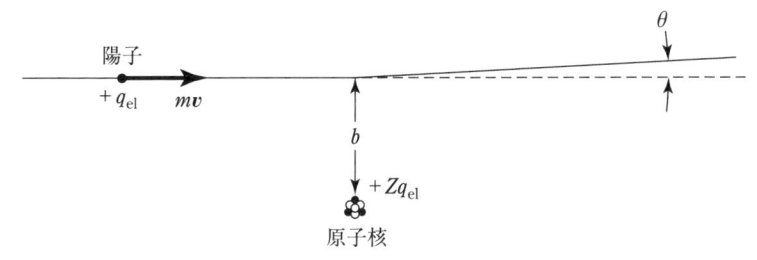

図3-5　原子核のそばを高速で通過しようとする陽子は電場の影響で曲げられる．

まずやるべきことです．おおよその感じをつかんでから，問題の性質をよりよく理解し注意深くやることです．)

というわけで，最初のざっとした検討は次のようになります：原子核のそばを陽子が飛び過ぎようとすると，陽子は原子核から横向きの力をうける．もちろんほかの方向を向いた別の力もうけるけれども，この力は陽子がまっすぐ飛び続けようとしているところを曲げようとする横向きの力です．図3-5でいえば，陽子は上向きの速度成分をもつことになります．言いかえれば，上向きの力のために上向きの運動量を得たのです．

さてそれでは上向きの力の大きさはどれほどか？ 力は陽子が動くにしたがって変化するけれども，おおざっぱに言って，b に依存していて，最大値(陽子がちょうど真ん中をすすんでいるとき)は次のようなものです．

$$垂直方向の力 \approx \frac{Zq_{\mathrm{el}}^2}{4\pi\varepsilon_0 b^2} = \frac{Ze^2}{b^2}. \tag{3.9}$$

(いま僕は，てばやく式を書くために $\frac{q_{\mathrm{el}}^2}{4\pi\varepsilon_0}$ のかわりに e^2 と書いた[3]．)

もしその力がどのくらいの時間働いていたかがわかれば，どれだけの運動量が陽子に加えられたかがわかります．力はどれだけの時間働くか？ 陽子が1キロも離れたところにあるときには働かない，しかし大ざっぱに言ってある程度の力が働くのは陽子が比較的近くにあるときです．ではどのくらい近く？ おおよそ原子核の位置からみて b の距離以内を通過しているときです．したがって力が働いている時間は距離 b を速さ v で割った大きさ程度の時間ということになります(図3-6参照)．

$$時間 \approx \frac{b}{v}. \tag{3.10}$$

ニュートンの法則によれば力は運動量の時間変化率に等しい――したがって，力に，その力が働いている時間を掛けると運動量の変化が得られます．というわけで，陽子が得た垂直方向の運動量は次のようになります．

---

[3] この歴史的な表現法は『ファインマン物理学』第I巻32-2節(日本語訳で，第II巻7-2節)で紹介したけれども，現在では e という文字は電子の電荷を表わすものとして特別に扱われている．

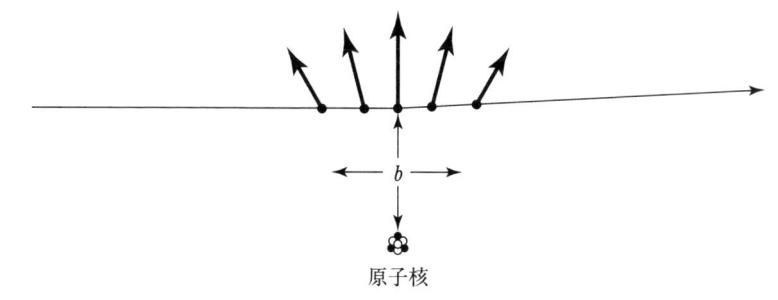

図 3-6 陽子に対する原子核による電気的な力は両者間の最短距離に比例した時間だけ実質的に働く．

$$\text{垂直方向の運動量} = \text{垂直方向の力}\cdot\text{時間}$$
$$\approx \frac{Ze^2}{b^2}\cdot\frac{b}{v} = \frac{Ze^2}{bv}. \tag{3.11}$$

これは厳密な意味では正しくありません．これを厳密に積分すると 2.716 といった数値的な因子が出てくるのですが，いまのところはさまざまな文字や記号にどのように関係しているかを見ながら，およその大きさを知ろうとしているだけなのでこれでいいとします．

粒子が出ていくときにもっている水平方向の運動量は，どういう心づもりがあろうが，目的があろうが，入ってきたときと同じ値であって，mv です：

$$\text{水平方向の運動量} = mv. \tag{3.12}$$

(相対論をとり入れようとするときに変更する必要があるところはここだけです．)

さて，屈折の角度はどうか．ここで，"上方向"の運動量は Ze^2/bv であって，"横方向"の運動量は mv であるということがわかっています．さらに"上方向"と"横方向"の比率はその角度の正接(タンジェント)に等しい．あるいは言いかえれば，角度は非常に小さいので実際上は角度そのものです (図 3-7 参照)．

$$\theta \approx \frac{Ze^2}{bv} \bigg/ mv = \frac{Ze^2}{bmv^2}. \tag{3.13}$$

式(3.13)は角度が速度，質量，電荷，およびいわゆる"衝突パラメータ"

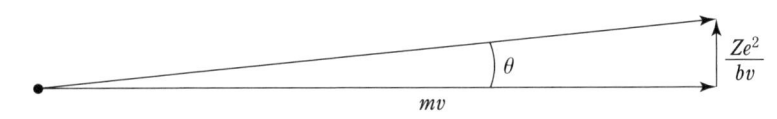

図 3-7 屈折の角度は陽子の運動量の水平方向と垂直方向の成分によってきまる．

——すなわち距離 b ——にどのように関係しているかを示しています．おおよその値だけではなく実際に力を積分して θ を計算してみると，実は数値的因子が抜けていて，それはちょうど 2 です．君たちの積分の授業がそこまでいっているかどうかよく知らないけれど，もし積分できないのであればそれでもいいです．別に本質的なことではありませんから．ともかく，正しい角度は次のようになります．

$$\theta = \frac{2Ze^2}{bmv^2}. \tag{3.14}$$

(実際のところ，どんな双曲線軌道であっても公式を厳密に扱うことはできるが，そう気にすることはない．ここで扱っている小さい角度の場合がわかればすべてを理解できる．もちろん角度が 30 度や 50 度になると式 (3.14) は成り立たないけれど，近似があらすぎたというだけのことです．)

ところでいま話したことは，物理学の歴史の中でたいへん興味深いことにかかわっているのです．すなわち，これが原子に核があることを発見したラザフォードの方法なのです．かれはたいへん簡単なやり方を考えました．放射線源からでたアルファ線粒子を狭い隙間をとおして——そうすれば粒子は一定の方向に向かって進む——硫化亜鉛の面にあてると小さな光の点ができる．そして，光の点は粒子のとおる隙間のすぐあとに 1 点になっているのが観測された．ところが，薄い金箔を隙間と硫化亜鉛の面との間におくと光の粒はときどきあちこちに飛び散ってあらわれたのです！(図 3-8 参照)

もちろんこれは，アルファ粒子が金箔の中の小さな原子核のそばを通り抜けてくるときに屈折されたからなのです．屈折の角度をはかり式 (3.14) を逆にして使って，屈折をひきおこすのに必要な距離 b を求めることができたのです．たいへん驚いたことに，距離は原子よりはるかに小さかったのです．ラザフォードがこの実験をやる前には原子のもつ陽電荷は中心の一点に集中

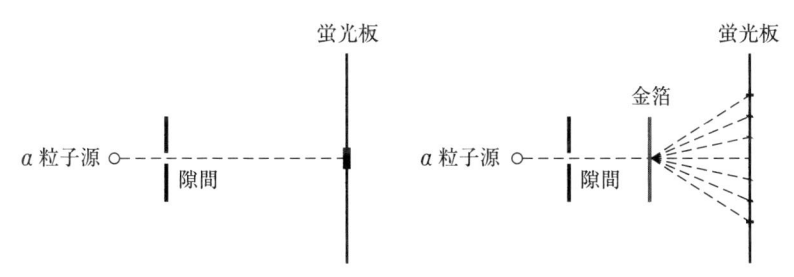

図 3-8 ラザフォードのアルファ粒子を屈折させる実験．原子核の発見につながった．

しているのではなく原子全体に均一に分布していると考えられていました．そういう状況のもとでは，アルファ粒子は観測されたような屈折をおこす大きな力は受けません．というのは，もしアルファ粒子が原子の外を通過するとすると電荷に十分に近寄れないことになるし，原子の中を通過するとするとアルファ粒子の上にも下にも電荷があってそんな十分な力を生みだせないからです．そういうわけで，大きな屈折があることから原子の中に強い電気的な力を生みだすみなもとがあることがわかったのです．

そして，すべての正の電荷が集まっている中心点があるに違いないと推定し，できるだけ遠くまでの屈折を観測すると同時にそれが起こる回数も観測します．それによって，b がどのくらい小さな値でありうるかを推定することができ，さらに最終的には原子核の大きさまでも求めることができたのです．なんと，原子核の大きさは原子そのものの大きさの 10^{-5} 倍という小さなものでした！ こうして，原子核が存在することがわかったのです．

3-3 基本的なロケット方程式

さて，つぎに話をしようと思っているのはこれまでとまったく違うもので，ロケットの推進についてです．まず，何もない空間に浮かんでいるロケットを考えることからはじめます．ということは重力などもまったくないものとします．そのロケットは燃料をたくさん積んでいて，その燃料を後ろへ噴出するなんらかのエンジンをもっているとします．そして，ロケットから見て燃料をいつも同じ速さで噴出しているものとします．また，エンジンを動かしたり止めたりという操作はできないものとします．いったん起動したら後

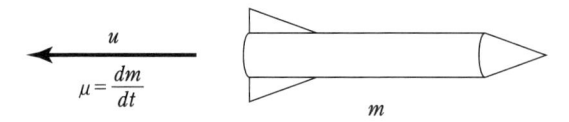

図 3-9 燃料を速度 u, 噴出率 $\mu = dm/dt$ で噴出している質量 m のロケット.

ろから燃料を噴出して，なくなるまで噴出し続けるというものです．燃料は μ という率(毎秒どれだけの質量という単位)で噴出され，ロケットは u という速度で進むとします(図 3-9 参照)．

"同じことじゃないの？ 毎秒ごとに噴出される質量がわかっているんだから．それこそ速度じゃないのか"と君たちは言うかもしれない．

ところが違うんです．たとえば毎秒ある量の燃料を大きなかたまりにして毎回静かに外へ置くようにして捨てるということができるし，あるいはそれだけのものを毎回外へ放り出すこともできます．これはまったく違ったやりかたです．

そこで質問は，ある時間がたったあとでロケットはどれだけの速度を得るか，ということです．たとえば，その総重量の 90 パーセントを消費したとします．すなわち，すべての燃料を消費したあとで殻として残っているのは出発前のロケットの全体の質量の 10 分の 1 の質量であるとします．そのときロケットはどれだけのスピードになるか？

普通の考えをもった人であればだれでも u より速くはなりえないと思うでしょうが，いますぐわかるように，そうではないのです．(そりゃあ当たりまえさとこんどは言うかもしれない．それでもいいけれども，ともかく次のようなわけでそうなるのです．)

ある瞬間でのロケットを考えてみよう．速さは任意とする．もしわれわれがロケットと一緒に飛んでいて時間 Δt の間ロケットを見ていたとすると，何が見られるだろうか．ある量，すなわち Δm だけの質量が出ていく．これはもちろんロケットの燃料損失率 μ 掛ける時間 Δt であって，それが吐き出される速さは u です．(図 3-10 参照)

さて，これだけの質量が後ろへ噴出された直後にこのロケットはどれだけの速さで前に進んでいるか？ ロケットが前に進んでいる速さは全体の運動

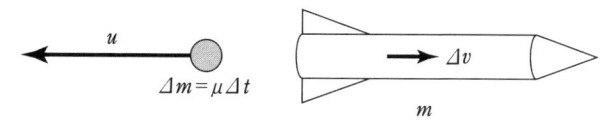

図 3-10 速度 u で質量 Δm を噴出することによって時間 Δt 内に Δv だけの速さを得ているロケット．

量が保存されるようなものでなければなりません．ということは，わずかな速さ Δv を得たとすると，その瞬間のロケット本体と残っている燃料をあわせた質量が m であるとすると，その m と Δv を掛けたものは，ロケットから噴出された運動量，すなわち Δm 掛ける u に等しくなければならないことになります．これがロケット理論のすべてです：基本的なロケット方程式は，

$$m\Delta v = u\Delta m. \tag{3.15}$$

Δm のかわりに $\mu\Delta t$ を代入してすこし変形をすると，与えられた速度に達するまでどのくらい時間がかかるかを求めることができますが[4]，いまの問題は最終速度を求めることであって，それは式 (3.15) から直接求めることができます．

$$\frac{\Delta v}{\Delta m} = \frac{u}{m}$$
$$dv = u\frac{dm}{m}. \tag{3.16}$$

ロケットが止まっている状態から出発して最終的に到達する速度を求めるには，$u(dm/m)$ を最初の質量から，最後の質量まで積分します．u は定数であると仮定したから積分の外に出すことができるので，次のようになります．

---

[4] もしロケットが時刻 $t=0$ に質量 $m=m_0$ で出発して，$\mu=dm/dt$ が一定であるとすると，$m=m_0-\mu t$ であるから，式 (3.16) は $dv=u\mu dt/(m_0-\mu t)$ となる．これを積分すると $v=-u\ln[1-(\mu t/m_0)]$ となるから，これを t について解けば速さ v に到達する時間が得られる：$t(v)=(m_0/\mu)(1-e^{-v/u})$．

$$v = u \int_{m_{初期}}^{m_{最終}} \frac{dm}{m}. \tag{3.17}$$

dm/m の積分のしかたについては，知っている人もいるかもしれないが，知らないものとしよう．君たちの中には "$1/m$ なんて簡単な式じゃないか，たしか導関数を知っていたはずだ．答えが出るまでいろいろ微分をしてみるさ" なんていう学生もいるかもしれない．

しかし実際にはそう簡単にはいかないんです．m の関数，m のべき乗，などのなかでそれを微分すると $1/m$ になるようなものは簡単には見つかりません．というわけで，こういう方法でだめなら，別の方法を使うことにして，数値積分を使ってやることとします．

いいかね，数学的手法で行きづまったらいつでも算術的手法でやれる，ということを忘れないように！

3-4　数値積分

最初の質量が 10 であるとしよう．そして近似を簡単にするため毎回 1 単位の質量を放出するとする．さらに，すべての速度を u 単位で測るものとすると，話は単純になって $\Delta v = \Delta m/m$ となる．

われわれとしては，個々の速度増加の総和がほしいわけです．最初に 1 単位の質量を放出したときにどれだけ速さが増したかというと，それは簡単で次のようになります．

$$\Delta v = \frac{\Delta m}{m} = \frac{1}{10}.$$

しかしこれは厳密には正しくありません，というのは，1 単位の質量を放出している間に反応している質量は 10 ではないからです．放出が終わった時点では質量は 9 です．Δm だけの質量が放出されたあとではロケットの質量は $m - \Delta m$ だけですから，次のように書いたほうがいいのかもしれません．

$$\Delta v = \frac{\Delta m}{m - \Delta m} = \frac{1}{9}.$$

しかしこれも厳密には正しくありません．ロケットが実際にかたまりを放

出しているのであれば正しいのですが，そうではなくて質量を連続的に放出しているのです．はじめにロケットの質量は 10 であったものが，かたまりが 1 つ放出されたあとではそれは 9 になっているから，これを平均すると 9.5 というような値になります．したがって，最初のかたまりが放出される間は，$\Delta m = 1$ の放出に対応する慣性力として作用するロケット自体の実質的な平均質量は $m = 9.5$ であるといえます．したがって，ロケットの速度増加分 Δv は 1/9.5 ということになります．

$$\Delta v \approx \frac{\Delta m}{m - \Delta m/2} = \frac{1}{9.5}.$$

このように 2 で割った値を使うことは，比較的少ない手間で高い精度を得るのに役立ちます．もちろんそれでも厳密に正しくはありません．もしより精度を高くしようと思うならば，放出する質量のかたまりをもっと小さくして，たとえば $\Delta m = 1/10$ にして，そのぶん多く計算すればいいのです．しかしここではおおざっぱにやることにして $\Delta m = 1$ で続けます．

さていまやロケットの質量は 9 だけです．そこからまた，もうひとかたまりうしろから放出すると，そのときの Δv は…1/9？　いや…1/8？　いやちがう，$\Delta v = 1/8.5$ です．というのはロケットの質量は 9 から 8 へ連続的に変わっていて，平均的にはほぼ 8.5 だからです．さらにその次には $\Delta v = 1/7.5$ となる，というぐあいに続けてゆくと，答えは 1/9.5, 1/8.5, 1/7.5, 1/6.5, タ, タ, タ——といった数字を終わりまで加え合わせたものになります．いちばんおわりの段階は 2 単位の質量から 1 単位の質量を放出することになるので質量の平均値は 1.5 となって，あとには 1 単位の質量が残ります．

最後に，これらの比を計算して（これらの数字はみな素直な数字ばかりだから簡単にすぐ計算できる）加え合わせれば，答えとして 2.268 が得られますが，これは最終速度 v が噴出速度 u より 2.268 倍だけ速いことを意味しています．これが，この問題の答えです——どうということはないんです！

1/9.5	0.106
1/8.5	0.118
1/7.5	0.133
1/6.5	0.154

1/5.5	0.182
1/4.5	0.222
1/3.5	0.286
1/2.5	0.400
1/1.5	0.667
	2.268

$$v \approx -2.268u \qquad (3.18)$$

さてここで君たちは"どうもこの精度が気に入らない——すこし粗すぎる．最初のところで「質量は 10 から 9 に変わるのだから平均値は 9.5 だ」というのはまだいいとして，最後の段階ではどうか，2 から 1 に変わるところも同じようにして平均値を 1.5 としているけれども，この最後の段階は 2 つに分けて半分ずつ放出するようにしたほうがもう少し精度があがるのではないか？"と言うかもしれない．しかし，これは算術のテクニックの問題です．

ためしにやってみよう．2 つに分割した最初の半分が放出されると質量は 2 から 1.5 になる，平均は 1.75 だから，$\Delta m/m$ として質量の半分の単位の 1/1.75 倍をとる．そして，残りの半分についても同じことをやると，質量は 1.5 から 1 になるのだから平均は 1.25 となって：

$$\Delta v \approx \frac{0.5}{(2+1.5)/2} + \frac{0.5}{(1.5+1)/2} = \frac{0.5}{1.75} + \frac{0.5}{1.25} = 0.686$$

と計算できる．

というわけで，最終段についての改良ができた．ほかの段についても，面倒とさえ思わなければ，同じようにして改良することができます．最終段についてはいま 0.667 ではなくて 0.686 となったから，われわれが最初に求めた値はすこしばかり小さかったことになって，より厳密に計算すると $v \approx 2.28u$ という値が得られたわけです．最後の桁は信頼できないのですが，われわれの計算はいいところまでいっていることがわかります．ともかく厳密な答えは 2.3 にごく近い値です．

さて，ここで話しておかなければならないことがあります．それは $\int_1^x dm/m$ という積分はたいへん簡単な式であって，多くの問題でよく出てくる形で，この積分についての表がつくられています．また自然対数，

$\ln(x)$ という名前もつけられています．自然対数の表で $\ln(10)$ というところをみてみると，実際のところ 2.302585 となっています：

$$v = u\int_1^{10}\frac{dm}{m} = u\ln(10) = 2.302585u. \tag{3.19}$$

この積分をやろうと思えば，いまやったのと同じ方法でこれと同じ桁数の精度の計算ができますが，そのためには 1 ではなくて $\varDelta m = 1/1000$ といったようなもっと細かい区切りを使わなければなりません．事実そういうふうにやったのです．

いずれにしても，ごく短い時間にしては，なんにも知らないところから，表も見ないでけっこうよくやったと思う．だから，僕はいつも緊急のときには算術を使いなさいというんです．

3-5　化学エンジンロケット

さて，ロケット推進についてのこの問題は興味深いです．まず最初に頭に浮かぶことは，ロケットが最終的に出すことのできる速さは噴出の速さ u に比例するということです．そこで，噴出ガスができるだけ速く噴出されるようにとのさまざまな努力が払われてきました．二酸化水素をあれこれと燃す，あるいは酸素を水素やら何やらと燃す．そうすると燃料 1 グラムあたりある化学的なエネルギーが発生する．そして，ノズルやら何やらを間違いなく設計すれば，その化学的エネルギーを無駄なく噴出速度に使えます．しかし，当然のことですが 100 パーセント以上は不可能です．ということは，もっとも理想的な設計であっても，与えられた燃料については，その化学反応から得られる u の値に上限があるため，決められた質量比に対して，到達できる最高の速さに限界があるのです．

2 つの化学反応 a と b を考えてみよう．両方とも原子あたりの発生エネルギーは等しいが，原子の質量は違い m_a と m_b であるとする．そうすると，u_a と u_b をそれぞれの噴出速度とするとき，次のようになります．

$$\frac{m_a u_a^2}{2} = \frac{m_b u_b^2}{2}. \tag{3.20}$$

ということは，式 (3.20) から $m_a < m_b$ のとき $u_a > u_b$ となるから軽い原子

との反応のほうが速度は速くなります．それだから，ほとんどのロケットの燃料として軽い物質が使われているのです．技術者としてはヘリウムと水素を燃したくなるでしょうが，残念ながらこの混合物は燃えません．そこでたとえば，酸素と水素で間に合わせているのです．

3-6 イオン推進ロケット

化学反応にかわるものとして提案されている案に，原子をイオン化して，電気的に加速する装置を使うというものがあります．こうするとイオンを思いどおりに加速できるので，ものすごい速度を得ることができる．というわけで，またひとつ君たちへの問題ができた．

いま，イオン推進ロケットがここにあったとしよう．そして，静電気を使った加速器で加速されたセシウムイオンを後部から噴出させます．イオンはロケットの前頭部から出発し，ロケットの頭部と後部との間には電圧 V_0 がかけられているものとします．ここでは常識的な電圧である $V_0 = 200{,}000$ ボルトとしました．

さて問題は，これでどれだけの推力が得られるかです．これまで扱った，どれだけ速くロケットは飛ぶかというのとは違う問題です．今回は，もしロケットが試験台に取り付けられたとしたら，どのくらいの力を出すかということを知ろうというのです(図3-11参照)．

これはこうやるのです：いま，ロケットは時間 $\varDelta t$ 内に $\varDelta m = \mu \varDelta t$ だけの質量を速度 u で射出するものとします．そのとき放出される運動量は $(\mu \varDelta t)u$ です．そして作用と反作用は等しいですから，それだけの運動量がロケットにつぎ込まれます．前の問題のときにはロケットは空間内にあったので，飛び出しました．こんどは，試験台に取り付けられているので，イオンによって生まれた毎秒ごとの運動量はロケットをその場に押えつけておくのに必要な力ということになります．イオンが得る毎秒ごとの運動量は $(\mu \varDelta t) u / \varDelta t$ ですから，ロケットの推力は単純に μu，すなわち毎秒放出される質量かける放出速度になります．したがって，セシウムイオンについて毎秒どれだけの質量がどれだけの速度で放出されているかを知りさえすればいいことになります．

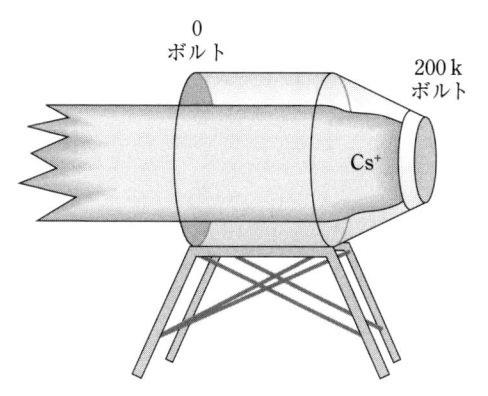

図 3-11 試験台に取り付けられたイオン推進ロケット．

$$\text{推力} = \frac{\Delta(\text{放出運動量})}{\Delta t}$$
$$= (\mu \Delta t) u / \Delta t$$
$$= \mu u. \tag{3.21}$$

まず，イオンの速度を次のようにして求めます．ロケットから出てくるセシウムイオンの運動エネルギーはその電荷に加速器の両端にかかっている電圧の差を掛けたものです．電圧とはそういうもので，位置のエネルギーのようなものです．ちょうど電気の場が力のようなものなので——位置のエネルギーの差を求めるにはそれに電荷を掛ければいいのです．

セシウムイオンは1価で電子1個分の電荷をもっているので次のようになります．

$$\frac{m_{Cs^+} u^2}{2} = q_{el} V_0$$
$$u = \sqrt{2 V_0 \frac{q_{el}}{m_{Cs^+}}}. \tag{3.22}$$

さて，この q_{el}/m_{Cs^+} を求めてみよう．1モルあたりの電荷は，かの有名な数字 96,500 クーロン/モル である[5]．そして，1モルあたりの質量は原子量

---

5) 1モルは 6.02×10^{23} 原子．

と呼ばれているものだから，周期表を見ればセシウムについては1モルあたり0.133キログラムであることがわかります．

"このモルというの苦手なんだ，なんとか避けたいんだ"と君たちは言うかもしれない．

ところがもう避けています．必要なのは電荷と質量の比だけなんです．これは1個の原子については測ることができる，ということが1モルの原子についても比率は同じだからわかります．ということで，放出される速さは次のようになります．

$$u = \sqrt{2V_0 \frac{q_{\text{el}}}{m_{\text{Cs}^+}}} = \sqrt{400{,}000 \cdot \frac{96{,}500}{0.133}}$$
$$\approx 5.387 \times 10^5 \,\text{m/秒}. \tag{3.23}$$

ところで，5×10^5 m/秒 という値は化学反応から得られるものよりはるかに速いものです．化学反応は電圧にして1ボルトの桁の話ですから，イオン推進ロケットは化学エンジンロケットに比べて200,000倍も多いエネルギーを供給することになります．

さてそれはそれでいいとして，われわれは速度だけがほしいわけではありません．推力がほしいのです．したがって，速度に毎秒放出される質量 μ を掛けなければなりません．答えとしては，ロケットから噴出している電気の流れの関数として求めたいわけです．この値はもちろん毎秒放出される質量に比例するからです．というわけで，電流1アンペアあたりどれだけの推力が得られるかを知りたい．

いま，1アンペアが噴出されたとしましょう．それは質量にしてどれだけか？ それは毎秒1クーロン，すなわち1モル中のクーロンの値から，毎秒 1/96,500 モルということになる．しかし，1モルは0.133キログラムだから，毎秒 0.133/96,500 キログラムになり，これが質量の流出率になります：

$$1 \text{アンペア} = 1 \text{クーロン/秒} \longrightarrow \frac{1}{96{,}500} \text{モル/秒}$$
$$\mu = \left(\frac{1}{96{,}500} \text{モル/秒}\right) \cdot (0.133 \,\text{kg/モル}) = 1.378 \times 10^{-6} \,\text{kg/秒}. \tag{3.24}$$

ここで μ に速さ u を掛けて，アンペアあたりの推力を求めると次のよう

になります．

$$\text{アンペアあたりの推力} = \mu u = (1.378 \times 10^{-6}) \cdot (5.387 \times 10^5)$$
$$\approx 0.74 \text{ ニュートン/アンペア}. \quad (3.25)$$

ということで，アンペアあたり1ニュートンの4分の3以下の力しか得られない．これはほんのわずかだ．だめだ，少なすぎる．1アンペアはたいした電流ではないかもしれないけれども，100アンペア，1000アンペアとなるとたいへんなものです．それでもまだたいした推力は得られない．使いものになるような量のイオンを得るのはたいへんなことです．

さて，どれだけのエネルギーが消費されているかみてみよう．電流が1アンペアのとき毎秒1クーロンの電荷が200,000ボルトの電位差をとおって噴出されている．そのときのエネルギーを(ジュール単位で)求めるためには電荷にボルトを掛ける．というのはボルトというのは単位電荷あたりのエネルギー(ジュール/クーロン)にほかならないからですが，そうすると毎秒$1 \times 200,000$ジュールが消費されたことになり，これは200,000ワットということです：

$$1 \text{ クーロン/秒} \times 200,000 \text{ ボルト} = 200,000 \text{ ワット}. \quad (3.26)$$

なんと200,000ワットから0.74ニュートンしか得られないのです．エネルギーの効率という点から考えればどうしようもない装置です．推力の動力に対する比はわずかにワットあたり3.7×10^{-6}ニュートンで，これはとても，とても低い値です．

$$\text{推力/動力} \approx \frac{0.74}{200,000} = 3.7 \times 10^{-6} \text{ ニュートン/ワット}. \quad (3.27)$$

というわけで，このアイディア自体はいいのですが，この方式で何かやろうとすると，とてつもなく多くのエネルギーがいるんです．

3-7　光子推進ロケット

燃料を噴出する速さが速ければ速いほどうまくいくというので，もう1つのロケットの提案があります．「光子」を噴出すればいいじゃないか——光子は地球上でもっとも速いものだ——うしろから光を放射すればいい．ロケッ

トの後尾へいって懐中電灯か何かのスイッチをいれる，そうすると推力が得られる，というのです．まあしかし，たいした推力にもならずに莫大な光線を注ぎこんでしまうことになるだろうということは君たちにもすぐわかるでしょう．君たちの経験からしても懐中電灯のスイッチをいれたら足が地面から離れたなんていうことはない．100ワットの電球をつけて，さらに焦点に光線を集める装置をつけてもなんにも感じやしない．ということはワットあたりの推力としてはたいしたものはとても得られそうもない．ではあるが，とにかく光子ロケットの推力対入力比を求めてみよう．

後部から噴出されるそれぞれの光子はある運動量 p とエネルギー E をもっています．光子の場合にはエネルギーは運動量掛ける光の速さですから：

$$E = pc \tag{3.28}$$

となります．

したがって，光子の場合エネルギーあたりの運動量は $1/c$ です．ということは，光子をどれだけ多く使おうが，毎秒噴出する運動量はその噴出をするために毎秒消費するエネルギーの量に対して一定の比をもつことになり――その比は一定でかつ決まった値，すなわち光の速度分の1となるのです．

ところで，毎秒噴出される運動量はロケットをその位置に保持するために必要な力ですが，一方，毎秒噴出されるエネルギーは光子を発生しているエンジンの出力です．したがって，推力の出力に対する比もまた $1/c$（c は 3×10^8）で，言いかえれば，1ワットあたり 3.3×10^{-9} ニュートンとなります．これはなんとセシウムイオン加速器の1000分の1，化学エンジンの百万分の1です．こういったこともロケット設計のだいじな一面といえます．

（いくぶん新鮮味のない話ではあるが，こうした複雑な話をここでしているのは，君たちに何かを学んだという実感を持ってもらう，そしてそれによって，いま世の中で進んでいる多くのことを理解できるようになってもらうためです．）

3-8　静電陽子線屈折器

さて，君たちにどうやると何かができるということを教えるために，僕が次にひねり出した問題は以下のようなものです．大学のケログ実験室[6]には

3.8 静電陽子線屈折器

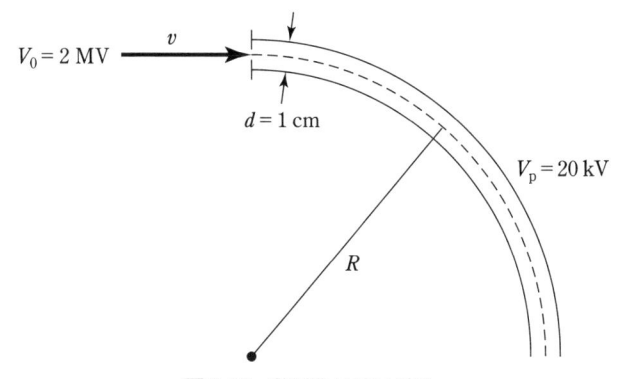

図 3-12 静電陽子線屈折器.

ヴァン・デ・グラフ加速器があって 200 万ボルトの陽電子を発生させています．このための電位差はベルトを動かすことによって静電気的に作りだすのですが，陽電子はこの電位差を通ってエネルギーを得て，陽電子線となって出てきます．

そこで，何かの実験上の都合で，陽電子が別の方向に出てくるようにしたい．そのために，流れの方向を変えたいとします．そうすると，これをやるためのもっとも実際的な方法は磁石を使うことですが，電気的にやる方法も考えることができます．実際にもそうやって作られているので，それをいまから説明します．

まず，湾曲した 2 枚の板が板の曲率半径に比べて極めて小さな隙間—たとえば $d = 1$ cm だけはなれて絶縁体で隔てて並べられているとします．板は円弧の一部をなすように作られていて，その板の間に電源装置からできるだけの高電圧をかけて電場を発生させ，陽電子の流れを半径方向にまげさせて円周に沿って流れるようにします（図 3-12 参照）．

実際のところ，隙間の 1 cm あたり 2 万ボルトよりはるかに高い電圧を真空状態でかけると絶縁破壊の問題を起こします．また，小さな漏れがあって，そこから埃が入って，火花がとんだりするのを防ぐのはたいへんなことなの

---

6) カルテクのケログ放射線実験室は原子核物理，粒子物理，天体物理に関する実験をおこなっている．

です．そこでたとえば板の間の電位差は2万ボルトとします．（ところで僕はこの問題を具体的な数字でやろうとは思っていなくて，ただ説明に数字をつかっているだけですから，その電圧を V_p と呼ぶことにします．）さて知りたいのは，2 MeV の陽子がそれらの板の間を通って偏向されるためにはどれだけの曲率でそれらの板を曲げればよいかということです．

これは単純な求心力の問題です．もし m が陽子の質量とすると，式(2.17)から mv^2/R は陽子を内側に引き込もうとする力に等しいことになります．そして引き込もうとしている力は陽子の電荷——これもかの有名な q_el です——掛ける板の間にある電場です：

$$q_\mathrm{el}\mathcal{E} = m\frac{v^2}{R}. \tag{3.29}$$

この式はニュートンの法則です．力は質量に加速度を掛けたものに等しい．しかしこれを実際に使うには，ヴァン・デ・グラフ加速器から出てくる陽子の速度を知らなければなりません．

さて，陽子の速度に関する情報は陽子がどれだけの電位差を通ってきたかから得られますが，電位差は100万ボルトでこれを V_0 と呼ぶことにします．エネルギー保存の法則から陽子の運動エネルギー $mv^2/2$ は陽子の電荷に陽子が通ってきた電位差を掛けたものですから，v^2 はこの関係からすぐに計算することができて，

$$\begin{aligned}\frac{mv^2}{2} &= q_\mathrm{el} V_0 \\ v^2 &= \frac{2q_\mathrm{el} V_0}{m}\end{aligned} \tag{3.30}$$

となります．

これに，式(3.29)からの v^2 を代入すると次のようになります．

$$\begin{aligned}q_\mathrm{el}\mathcal{E} &= m\frac{\left(\dfrac{2q_\mathrm{el} V_0}{m}\right)}{R} = \frac{2q_\mathrm{el} V_0}{R} \\ R &= \frac{2V_0}{\mathcal{E}}.\end{aligned} \tag{3.31}$$

というわけで，2枚の板の間の電場がどれだけであるかを知っていれば，

電場と陽子の出発点の電圧と，板の曲率との間の簡単な関係から半径は簡単に見つけることができるのです．

さて，電場はどうか？　もし2枚の板があまり曲がっていなければ，両者の間では電場は場所に関係なくほぼ同じです．そして，両者の間に電圧をかけると一方の板の電荷と他方の板の電荷との間にはエネルギーの差ができます．単位電荷あたりのエネルギーの差が電位差です．もともとそれが電位差の意味なんです．そこで電荷 q を一方の板から一様な電場 $\mathcal{E}$ をとおして運ぶと電荷にかかる力は $q\mathcal{E}$ であって，エネルギー差は $q\mathcal{E}d$ となります．ここで，d は2枚の板の間の距離です．力に距離を掛けるとエネルギーが求まる．あるいは，電場に距離を掛けるとポテンシャルが得られるというわけです．したがって，2枚の板の間の電位差は $\mathcal{E}d$ です．

$$V_\mathrm{p} = \frac{\text{エネルギー差}}{\text{電荷}} = \frac{q\mathcal{E}d}{q} = \mathcal{E}d \tag{3.32}$$
$$\mathcal{E} = V_\mathrm{p}/d .$$

そこで，式(3.32)の $\mathcal{E}$ を式(3.31)に代入して，すこしひねくりまわすと半径を求める式が得られます．すなわち $2V_0/V_\mathrm{p}$ 掛ける板の間の距離です．

$$R = \frac{2V_0}{(V_\mathrm{p}/d)} = 2\frac{V_0}{V_\mathrm{p}}d . \tag{3.33}$$

この問題の場合 V_0 の V_p に対する比，すなわち200万ボルト対2万ボルトは100対1で，$d=1$ ですから，曲率は200 cm，すなわち2メートルでなければなりません．

ここでは2枚の板の間の電場は一様であると仮定したのですが，一様でなかったら，偏向器の性能はどうなるか？　結構いいんです．それは半径が2メートルもあると板はほとんど平板のようなもので，電場はほぼ一定になり，その真ん中を陽電子の流れをとおすと，ちょうどうまくいくのです．しかし，そうでなくても，うまくいきます．というのは，片側の電場が強すぎると，もう一方の側は弱すぎることになってお互いにほぼ補いあうからです．いいかえれば，真ん中あたりの電場を使えば完璧ではないにしても結構いい見当をつけていることになるのです．$R/d=200/1$ というような比のときにはとくによくて，ほとんど厳密に正しいといえるほどです．

3-9 パイ中間子の質量の決定

もうあまり時間がないのですが，もう少し我慢してもらって，もう1つ問題を話させてほしいと思います．これは，パイ中間子(π)の質量を決定した歴史的な話です．事実，パイ中間子はミュー中間子[7](μ)の飛跡を写した写真乾板の上で最初に見つけられたのです．何かこれまでに知られていない粒子が飛び込んできて止まった．そしてその止まったところから，小さな飛跡が出ていて，それはミュー中間子のものと同じでした．(そのときミュー中間子はもう知られていたのですが，パイ中間子はこのときの写真によって発見されたのです．) いっぽう，そのとき反対方向にニュートリノ(ν)が飛んでいったと考えられました(ニュートリノは中性なので，飛跡は残さないで)(図3-13参照)．

μ の静止エネルギーは 105 MeV であることがわかっていました．そして運動エネルギーは飛跡の性質から 4.5 MeV であることがわかりました．これらのことがみなわかったとして，π の質量をどうやって求めたらよいか(図3-14参照)．

π が静止しているとしよう．そして，μ とニュートリノに崩壊する．われわれは，すでに μ の静止エネルギーと運動エネルギーを知っている．ということは μ の全エネルギーを知っているわけです．しかし，ニュートリノのもつエネルギーも知らなければならない．というのは，相対論によれば π の質量掛ける c の自乗はそのエネルギーであって，その全部が μ とニュー

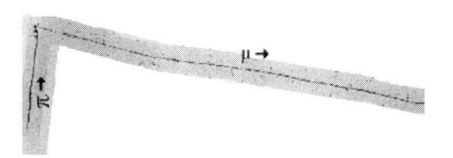

図 3-13 ミューオンと目にみえない(電気的に中性な)粒子に崩壊したパイ中間子の飛跡．

---

[7] "ミュー中間子"はミューオンの古い呼び方です．電子と同じ電荷を持っていますが質量は約 0.7 倍の素粒子です(そして最近の"中間子"の意味からすると，じつは中間子とはまったく別のものです)．

3.9 パイ中間子の質量の決定　95

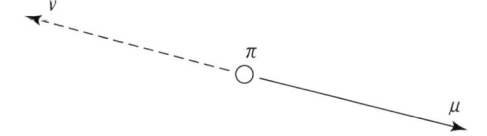

図 3-14　静止しているパイ中間子の，互いに等しい大きさで反対方向の運動量をもったミューオンとニュートリノへの崩壊．ミューオンとニュートリノがもつ全体のエネルギーはパイ中間子の静止エネルギーに等しい．

トリノに分けられるからです．いいかね，π が消滅して，μ とニュートリノとが残った．そしてエネルギー保存の法則により π のエネルギーは μ のエネルギーとニュートリノのエネルギーを加えたものになるということです．

$$E_\pi = E_\mu + E_\nu. \tag{3.34}$$

というわけで，μ とニュートリノの両方のエネルギーを計算する必要があります．μ のエネルギーは簡単です．はじめから与えられているようなもので，運動エネルギー 4.5 MeV を静止エネルギーに加えたもの——すなわち $E_\mu = 109.5$ MeV です．

さて，ニュートリノのエネルギーは？　これがむずかしい．しかし運動量保存の法則によって，ニュートリノの運動量は μ の運動量と大きさがまったく同じで方向が逆であることから，ニュートリノの運動量がわかる．これが問題を解く鍵になるんです．気がついたかもしれないけど，僕は逆の手順で問題を解こうとしています．ニュートリノの運動量がわかればエネルギーがわかるのではないかということです．ともかくやってみよう．

まず，$E^2 = m^2c^4 + p^2c^2$ という公式から μ の運動量を計算します．ここで，$c=1$ となるような単位系を選ぶと $E^2 = m^2 + p^2$ となって，μ の運動量は次のようになります．

$$p_\mu = \sqrt{E_\mu^2 - m_\mu^2} = \sqrt{(109.5)^2 - (105)^2} \approx 31 \text{ MeV}. \tag{3.35}$$

しかし，ニュートリノの運動量は大きさが等しくて方向が逆であるから，符号は気にしないで大きさだけに注目すると，ニュートリノの運動量もまた 31 MeV になります．

そのエネルギーは？

ニュートリノの質量はゼロ[*]ですから，そのエネルギーは運動量に c を掛けたものになります．このことについては，"光子ロケット"のところですでに話をしましたが，ここでは $c=1$ とおくとニュートリノのエネルギーは運動量に等しくなり，31 MeV となります．

さて，これで全部です．μ のエネルギーは 109.5 MeV で，ニュートリノのエネルギーは 31 MeV であるから，この反応で放出された全エネルギーは 140.5 MeV であって，これはすべて π の質量によるものです．

$$m_\pi = E_\mu + E_\nu \approx 109.5 + 31 = 140.5 \text{ MeV}. \tag{3.36}$$

これが π の質量をはじめて決定したときの方法です．

これで予定された時間は終了です．ありがとう．

じゃまた来学期あいましょう．幸運を祈ります！

[*)] ［訳注］ 現在では，ニュートリノは極めて小さいが，質量をもつことが知られている．

4

力学的効果とその応用
物理が苦手な学生のための補講 D

　今日の講義はこれまでの講義とは違ったものだということをまず冒頭にことわっておきます．というのは僕は今日，君たちにとって楽しくて面白そうな話題をいろいろと話したいと思っています．こりゃあ複雑すぎてわからないやと思うようなものがあったら，それは忘れてけっこうです．そう重要なものではありませんから．

　われわれの勉強は，もちろん，いくらでも深く，詳細にやろうと思えばできます．たとえば，入門のための講義としては十分すぎると思われる内容よりさらにもっと詳しくです．そして，（何回か講義してきた）回転力学もやろうと思えばほとんどきりがないほどやりたい問題がたくさんあります．しかしここでやりすぎると，ほかの物理学の勉強をする時間がなくなります．というわけで，この話題については今日の講義でやめておきます．

　さて，いつか君たちが回転力学をふりかえりたくなることがあるかもしれない．機械工学の技術者としてか，星の回転を気にする天文学者としてか，量子力学の研究者としてか（量子力学でも回転の問題はある）——どういう形でまた戻ってくるか，これは君たち次第です．ところで，話を完結させないで講義を終えてしまうのはこれがはじめてです．でもそこには途中でだめになってしまうアイディアや，考えの糸が切れてしまって雲散霧消してしまうアイディアなどがたくさんあります．しかしそういうものについては，その問題や考えがどっちの方向に発展するかをここで教えておいて，君たちがあとで，ああ，いいことを教わったと思えるようにしておこうと思っています．

　とくに，これまでの講義の大半はどちらかというと方程式などがたくさん

あって理論的なものが多かった．そして実用的な工学に関心を持っている学生の多くは，たまにはこうした力学を利用して"人間の知恵"が発揮される例を待ち望んでいたのではないかとも思う．もしそうなら，今日の話題はそういう学生に喜んでもらえることうけあいです．というのは，（ここでとり上げる）機械工学の分野での「慣性航法」の実用化はここ数年間でほかに比べるもののないほどの発展があったからです．

これは潜水艦ノーチラス号の北極海における氷の下での劇的な航海で示されています．星も見えないし，極氷下の海底の実用的な地図もなく，船の中では自分がどこにいるのか知るすべもなかった——にもかかわらず，かれらはつねに自分の位置を正確に知っていたのです[1]．この航海は慣性航法の開発なしには不可能だったのです．そこで，その方法をこれから君たちに説明しようと思います．しかしその話に入るまえに，すこし古い，あまり精度のよくない装置についていくらか説明しておいたほうがいいでしょう．そのほうが，その後のはるかに精密で高性能のすばらしい装置の原理や，開発にあたっての問題点などをよりよく理解することができ，またその価値を認めることができると思うからです．

4-1　ジャイロスコープ実験装置

この種の装置をまだ見たことのないひとのために，図4-1に支持枠にとりつけた実験用のジャイロスコープを掲げておきました．

車輪はいったん回転を始めると，その基盤が持ち上げられて勝手な方向に動き回されても同じ向きを保つ——ジャイロスコープの回転軸ABの方向は空間に固定されたままです．実用上はジャイロは回転を続けなければならないので支点部の摩擦を打ち消すために小さなモーターがつけられています．

いま，軸ABの方向を変えようとして，（ジャイロにXY軸のまわりのトルク[*]を生みだしながら），点Aを下に押すと，点Aは下には動かないで横の方，すなわち図4-1のYの方向に動きます．ジャイロの（回転軸以外の）

---

1) 1958年，世界最初のアメリカの原子力推進潜水艦USSノーチラス号が，8月3日に北極を通りぬけてハワイからイギリスまで航海した．ノーチラス号が北極の氷の下にいた時間は全部で95時間であった．

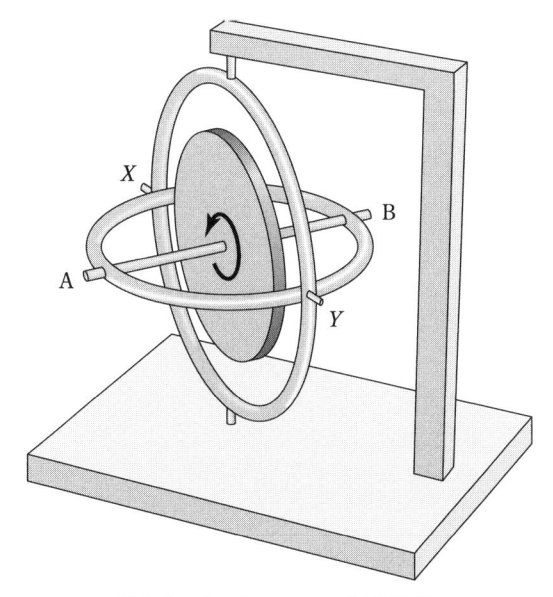

図4-1 ジャイロスコープ実験装置.

どんな軸のまわりにトルクを加えても，加えたトルクの軸とジャイロの回転軸の双方に直角な方向の軸のまわりの回転を生み出すのです．

4-2 方向ジャイロ

ジャイロスコープの応用例として考えられる最も簡単なものからはじめよう．いま，飛行機がある方向から別の方向へと旋回しようとしているとしよう．ジャイロの回転の軸――たとえば，水平に設定されているとする――の方向はそのまま変わらない．これはたいへん都合がいい．飛行機がさまざまな動きをしたときに，一定の方向を指示し続ける．これは方向ジャイロと呼ば

---

*）[訳注] 物体に力を加えて回す場合，その力の大きさと回転軸Oから力の矢印の線へおろした垂線(力の腕)の長さOSとの積をトルクという．力のモーメントともいう．トルク τ は角運動量 L の時間的変化に等しい： $\tau = dL/dt$.

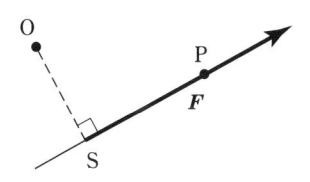

100　4 力学的効果とその応用

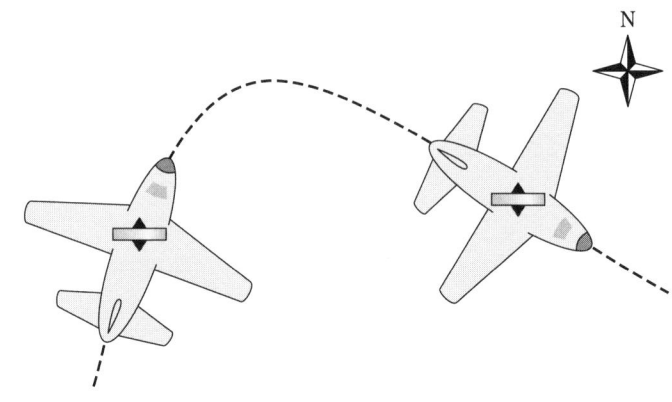

図 4-2　(定)方向ジャイロは旋回中の飛行機の中で
その方向を維持する.

れています(図 4-2 参照).

　君たちは"羅針盤みたいだ"と言うかもしれない.

　でも,これは羅針盤とは違う.北だけを指すのではないのだ.これはこういうふうに使うことができる：飛行機が地上にあるときに磁気羅針盤を補正しておいてそれを使って,ジャイロの軸をある方向,たとえば北に設定する.そして君たちが飛び回っている間,ジャイロはつねに同じ方向を向いているから,いつでも北がどっちだかわかるというわけだ.

　"磁気羅針盤を使えばいいじゃないの？"

　磁気羅針盤を飛行機の中で使うのはたいへん難しい.飛行機の動きにつれて針が左右にゆれたり,上下に動いたりするし,その上,飛行機の中には鉄やら何やら磁場を乱すものがあるからです.

　一方,飛行機が静かに安定してしばらく直線状に飛行するときは,ジャイロが北を指さなくなることに気がつくと思う.これは支持枠のなかの摩擦のせいです.飛行機はゆっくりと旋回していた.そこに摩擦があった.そして小さなトルクが発生して,ジャイロは歳差運動*)をした.そのため,もはや厳密にもとの方向を指示していないということです.したがって,操縦士は羅針盤に対して方向ジャイロをときどき——ジャイロがどのくらい完璧に摩擦力をなくすように作られているかによって——毎時間ごと,あるいはもっと頻繁に補正する必要があるのです.

4-3　人工地平線

　同じ方法を，"上"を決める人工地平線装置に使うことができます．地上にいるときジャイロの軸を鉛直に設定する．そして，空中へ飛び上がって，飛行機が前後左右にゆれてもジャイロの軸は上の方向を向き続ける．ただしときどき補正はしなければなりません．

　人工地平線は何に比較して補正すればいいのか？

　重力をつかってどっちが上か知ることができるけれども，知ってのとおり旋回しているときには見かけ上の重力は何度か傾いていて，これを把握するのは容易ではない．しかし長い目で見ると——飛行機が最終的に逆さまになってしまうというようなことがなければ！——重力は平均的にはある方向を示します(図4-3参照)．

　そこで，図4-1の装置の点Aに錘(おもり)をとりつけて点Aが下に来るようにし，軸が鉛直になるようにしたらどうなるだろうか．飛行機が水平にまっすぐ飛んでいるときには，錘はまっすぐ下に引っ張って回転軸は鉛直になる．そして，飛行機が曲がると錘は軸を鉛直方向からずらそうとするが，ジャイロスコープは歳差運動によって抵抗し軸はきわめてゆっくり鉛直方向からずれる．最終的に飛行機が旋回行動を終えると，錘はまた真下に引っ張るようになる．長時間の間には，平均的にみてみると，錘はジャイロの軸を重力の方向に向けようとして働いていたことになる．これは方向ジャイロを磁気羅針盤と比較してときどき補正するのとよく似ています．ただ一方が毎時という間隔での話であるのに対して，常に補正が行なわれているということです．この補正は飛行中，常に行なわれていて，その方向はジャイロのゆっくりずれる傾向に対する長時間の重力の平均的効果によって保たれている

＊）［訳注］　机上で立って回っているコマなどの図のような運動(みそすり運動)をいう．

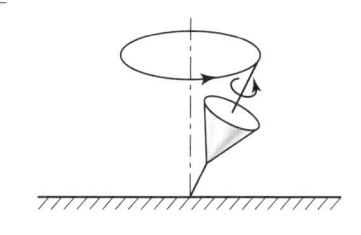

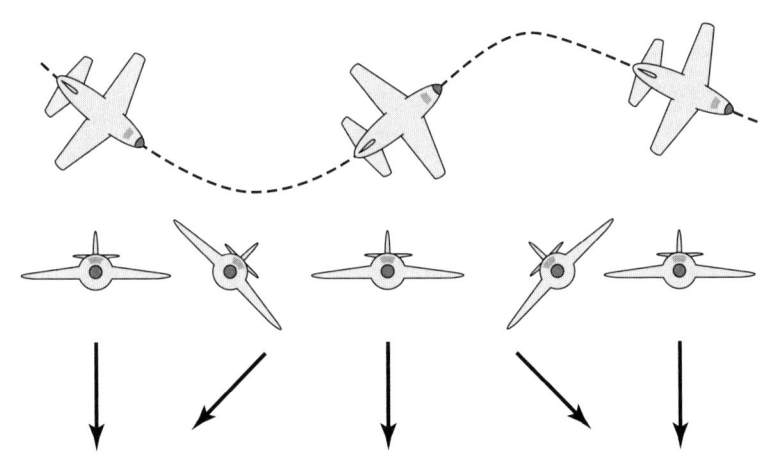

図4-3　旋回中の飛行機の中の見かけ上の重力.

わけです.

　当然ジャイロのずれぐあいが，ゆっくりであればあるほど平均をとる時間が長くなるし，複雑な操縦に対しては装置の精度がいいほどいいということになります．飛行機の操縦では30秒くらい重力を感じないような飛行をすることもめずらしくありませんが，その場合平均をとる時間が30秒ほどであると人工地平線装置はうまくいきません．

　いま説明したような装置——人工地平線装置や方向ジャイロ——は飛行機の自動操縦に使われる器械です．ということは，これらの装置から得られた情報は飛行機がある方向に飛ぶように操縦するために使われます．したがって，たとえばもし飛行機が方向ジャイロの軸からそれる方向に行こうとすると，電気的な信号が出されてさまざまな経路をとおって伝えられ，最終的に，下げ翼を作動させて飛行機をもとの方向へ戻すようにかじをとります．自動操縦装置は心臓部にこのようなジャイロスコープをもっているわけです．

4-4　船舶用ジャイロスコープ

　ジャイロスコープのもう1つの面白い応用法は，いまは使われてはいませんが，かつて提案され，実際に作られもした船の安定装置です．もちろん，だれでも思いつくのは船に固定した軸に大きな車輪を取り付けることですが，

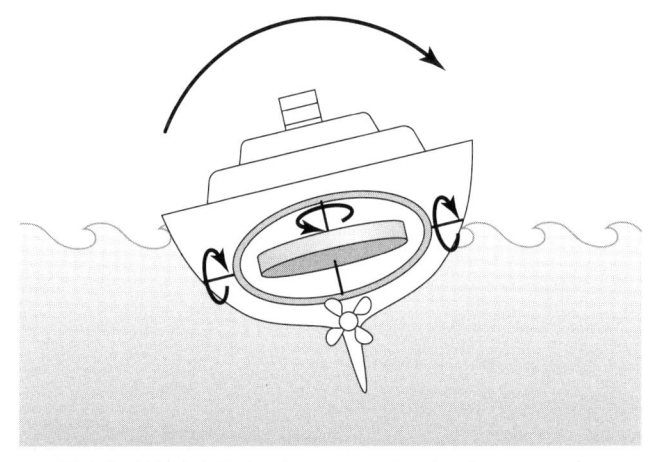

図 4-4 船舶安定用ジャイロスコープ：ジャイロスコープに船首を上下させる方向の力を加えると船を左右に傾ける方向のトルクが働く.

それはだめです．たとえば，回転軸を鉛直にしてそれをやったとして，そのとき船の先頭の部分を持ち上げるような力が働くと，その結果としての力はジャイロを一方向へ歳差運動させるように働くことになり，船は転覆してしまいます――だからうまくいかないんです！　ジャイロスコープはそれ自体では何も安定させることができません．

そこでとられた手が，慣性航法で使われる原理です．それはこういう仕掛けです：船内のどこかにとても小さいけれども精密に作られた主ジャイロスコープをおきます．その主軸はたとえば鉛直方向だとします．そうすると，船が少し横揺れして鉛直からずれると，主ジャイロに取り付けられた電気接点からの信号で，船を安定させるために用いる巨大な従属ジャイロ――おそらくこれまでに作られたジャイロスコープのうちで最大のもの！――を動かします（図 4-4 参照）．

通常はこの従属ジャイロの軸は鉛直に保たれていますが，それ自体が支持枠に取り付けられていて船の縦揺れ軸（船の前後が縦揺れするときの回転軸）を中心に回れるようになっています．もし船が右か左に横揺れしはじめると，従属ジャイロ軸を後ろあるいは前にぐいとひねってやる．ジャイロが強情なひねくれ者でいつもへんな行動をするということは知ってのとおりだが，

ここでもまた急激な縦揺れ軸のまわりの回転は船の横揺れを妨げるような横揺れ軸のまわりのトルクを生み出すのです．なお，船の縦揺れはこのジャイロではなおりませんが，もともと大きな船の縦揺れはそうたいした問題ではありません．

4-5　ジャイロコンパス

　さてもう1つ船で使われている"ジャイロコンパス"について説明しておこう．北方向からずれるのを定期的に補正していなければならない方向ジャイロと違って，ジャイロコンパスは自分で北を指そうとする．実際のところ，これは地球の自転の軸という意味での真の北を向こうとするので，磁気羅針盤よりいいのです．

　それはこういうことです：いま時計の針と反対方向に回っている地球を北極の真上から見るとしょう，そしてジャイロスコープをどこか適当なところ，たとえば赤道の上に図4-5(a)に示すように軸が東―西，すなわち赤道に平行になるように設置したとします．そこでまず，支持枠だの何だのついていない理想的な，拘束のないジャイロスコープの例を考えてみます．（油の中に浮いているボールのようなものでもなんでもいい，要するに摩擦のない状態．）6時間後になっても，そのジャイロスコープはまだ同じ絶対的な方向を向いている（というのは摩擦によるトルクがまったくないから）．しかしわれわれが赤道上でそのすぐそばに立っているとすると，それがゆっくり回っているのが見えます．そして，6時間後には図4-5(c)に示すように真上を指しています．

　さて，ジャイロスコープに図4-6に示すような錘をつけたらどうなるだろう．錘はジャイロスコープの回転軸を重力の働く方向とは直角の方向に保とうとすることになります．

　地球が回るにしたがって，錘は持ち上げられる．持ち上げられた錘は当然もとへ戻ろうとする．そうすると，地球の回転に平行なトルクを生みだして，その結果ジャイロスコープはジャイロスコープの軸と地球の回転軸の双方に直角な方向に回ろうとする．この場合についていうと，錘を持ち上げる代わりにジャイロ自体が向きをかえることになる．そしてジャイロは図4-7に示

北極の上から見た図
(a)　　　　　　　　　(b)　　　　　　　　　(c)

赤道上で，ジャイロの真上から見た図
(a)　　　　　　　　　(b)　　　　　　　　　(c)

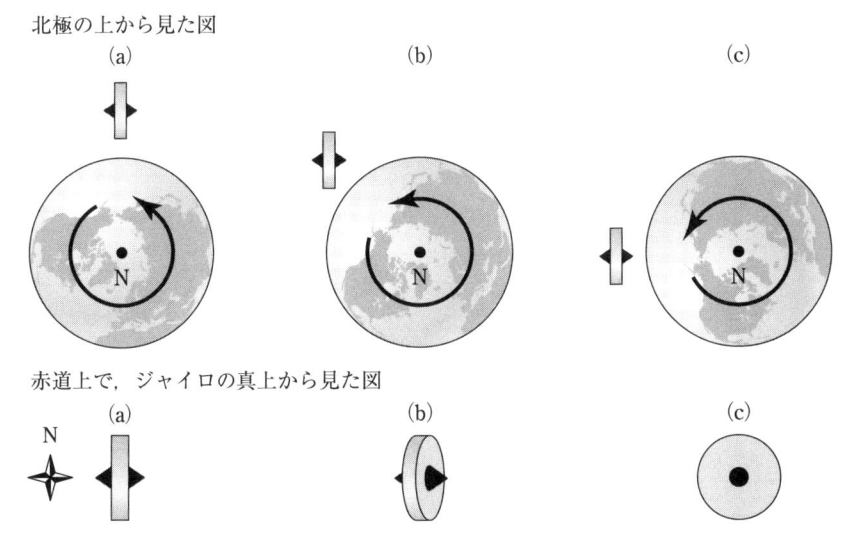

図4-5 拘束されないで，地球とともに回転しているジャイロスコープは宇宙空間でその方向を維持する．

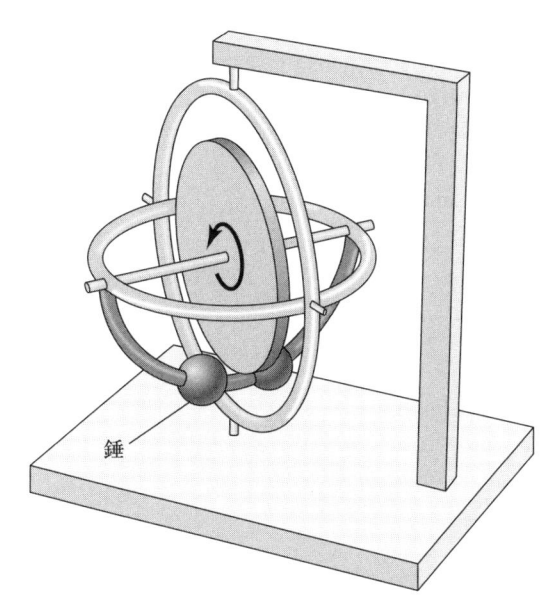

錘

図4-6 回転軸が重力に垂直な方向に保たれるように錘をつけたジャイロスコープ実験装置．

106   4 力学的効果とその応用

北極の上から見た図
(a)　(b)　(c)

赤道上で，ジャイロの真上から見た図
(a)　(b)　(c)

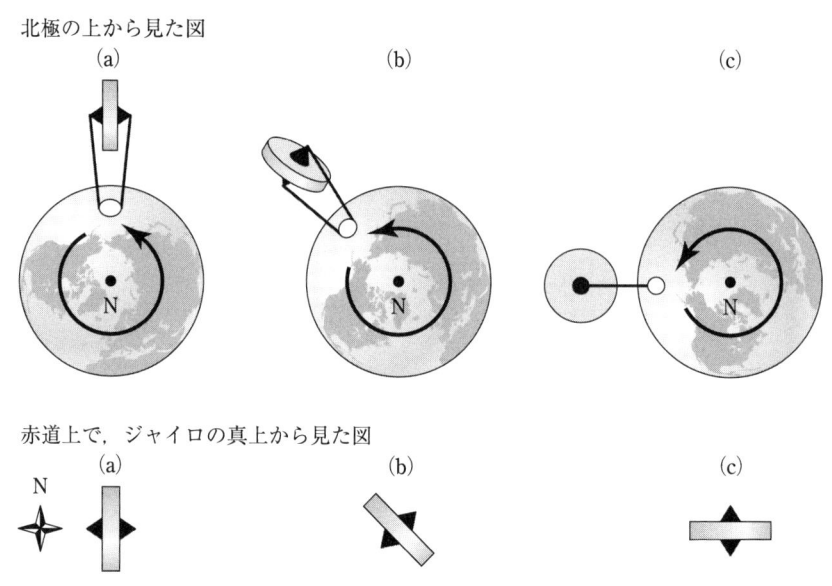

図 4-7　錘をつけたジャイロコンパスはその回転軸を地球の回転軸に平行に保とうとする．

すようにその回転軸が北を指すように向きをかえるのです．

さて，最終的にジャイロの軸が北を指したとしよう：軸はそのままでいるか．同じ絵を図 4-8 に示すように軸が北を指しているように描いてみると，地球が回るにしたがって錘をつるしている腕はジャイロの軸のまわりにゆれ，錘は下にとどまる．持ち上げられている錘によるトルクはジャイロの軸には働かないから，軸はずっと北を指しつづけるのです．

ということで，ジャイロコンパスの軸が北を指しているとしたら，そのままでいられないという理由はない．しかし，もし軸が少しでも東か西を向いていたら地球が回転するにしたがって，錘は軸を北に向けるように働く．すなわちこれが，北を向こうとする装置なんです．（実際のところ，もし僕がまったくこのとおりに作ったとすると，軸は北を向こうとして行き過ぎて反対側にいってしまい，そして戻ってきて，と行ったり来たりする―ので少し動きを制限する装置をつける必要があります．）

ところで，図 4-9 に示すような，ジャイロコンパスに似せた仕掛けを作ってみました．このジャイロスコープは残念ながら全部の軸が自由に動くとい

北極の上から見た図

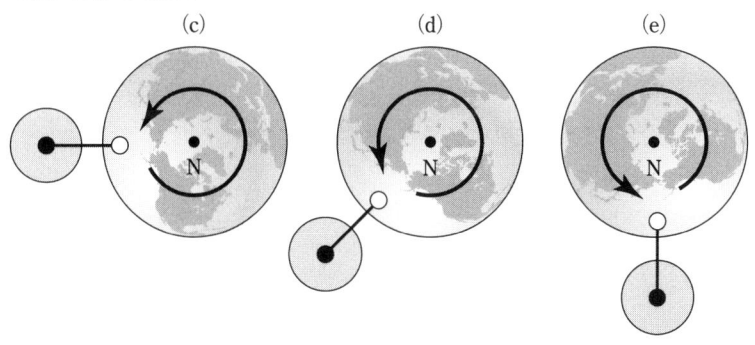

(c) (d) (e)

赤道上で，ジャイロの真上から見た図

N　(c)　(d)　(e)

図4-8 地球の回転軸と同じ方向の回転軸をもったジャイロコンパスはその方向を保とうとする．

うわけではありません．2つの軸は自由であるように作ったのですが，これがほとんど同じことだと納得するためにはすこし考えなければわからない．地球の動きを模擬するためにはこの外側の半球形の支持枠を回す．そして重力は腕の端に取り付けられた錘に似せてジャイロに結びつけたゴム紐で代用させた．この装置を回転させはじめると，ジャイロはしばらく歳差運動をするが，そのままにして，辛抱強く待っていると，落ち着いてくる．どこかほかの方向を向こうとしないで，そのままでいることができる唯一の位置は外側の支持枠——この場合模擬的な地球——の回転軸に平行な方向であって，たいへんうまく北を指して，そこに落ち着く．回転を止めると，さまざまな摩擦力やらベアリングの力やらが働くので軸は横にゆっくりずれ動く．実際のジャイロはみなゆっくりずれ動こうとするんです．理想的な動きはしないものなんです．

4-6　ジャイロスコープの設計，製作上の改良

10年ほど前(1950年代)の時点では，作りうる最良のジャイロの軸の横ずれは毎時2から3度でした——それが当時の慣性航法の限度だったんです．

108   4 力学的効果とその応用

図 4-9　ジャイロコンパスの模擬装置で実演をするファインマン．

空間にあってそれ以上の精度で方向を知ることは不可能でした．たとえば，10時間潜水艦にのっていたとすると，方向ジャイロの軸は最大で30度もずれている可能性があったのです！（ジャイロコンパスと人工地平線装置の場合は重力で補正されているので正常に作動するけど，自由回転式の方向ジャイロは正確ではない．）

　慣性航法の開発において，はるかに高性能のジャイロスコープ——制御不能な摩擦力による歳差運動を最小限におさえたジャイロスコープ——の開発が必要とされました．そしてそのために数多くの発明がなされましたが，それらに共通な一般的原理について説明しておきます．

　ところでまず，われわれがこれまでとりあげてきたジャイロは"2自由度"のジャイロスコープ，すなわち回転軸の選び方に2つの選択肢があるジャイロスコープでした．しかしこの場合，1つの方法だけに絞って考える——すなわち，ジャイロを1つの軸のまわりの回転に限定して考えればよいものに

4.6 ジャイロスコープの設計,製作上の改良   109

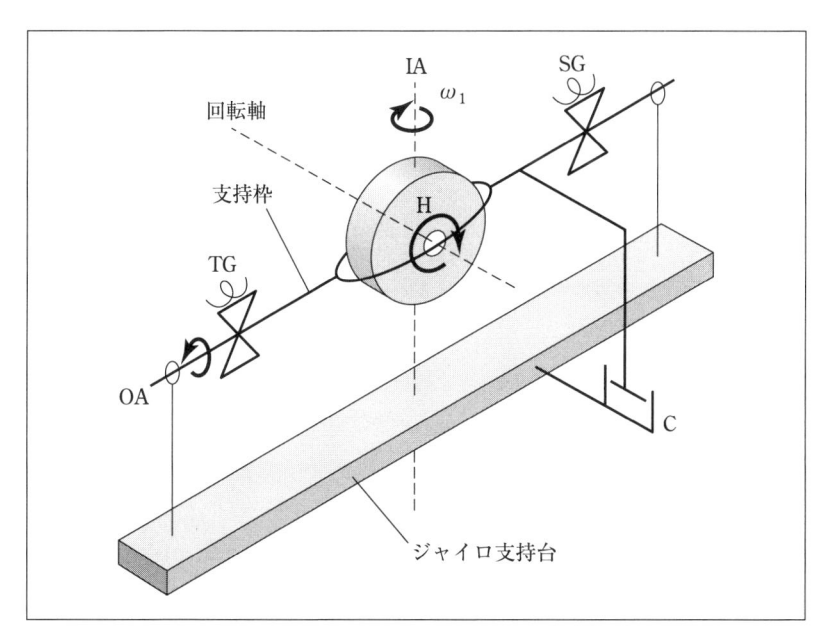

図 4-10 1自由度のジャイロスコープの簡単な概念図.
(講義のスライドによる)

したほうがやりやすい.そこで,"1自由度"のジャイロスコープを図 4-10 に示します.(これらのスライドを貸してくれただけでなく,ここ数年間の状況についていろいろと僕に説明してくれたジェット推進研究所のスカル氏に感謝します.)

　ジャイロの車輪は水平な軸(図中の"回転軸")のまわりを回転する.そして回転軸は,(IA)のまわりにだけ自由に回転することができる.別の軸はだめ.にもかかわらず,これは次のような理由でたいへん有用な装置なのです.いま,ジャイロが,自動車か船の中に据え付けられているとして,入力軸(IA)のまわりに回そうとしたとしよう.そうするとジャイロの車輪は水平な出力軸(OA)のまわりに歳差運動をする.より正確に言えば,出力軸のまわりにトルクが生まれる.そしてもしトルクに反抗する作用がなければジャイロの車輪はその軸のまわりに歳差運動をする.したがって,もし軸が歳差運動をする角度を検出することができる信号発生器(SG)があれば,船が曲がりつつあることを認識できるというわけです.

さて，ここで考えに入れておかなければならないことがいくつかあります．まず，微妙な部分として，出力軸のまわりのトルクは入力軸のまわりの回転を完璧な精度で表現できなければならないということです．それ以外の出力軸のトルクは雑音ですから，間違いを避けるためにとり除かなければならないのです．それにまたやっかいなのは，ジャイロの車輪自体が重さを持っていることです．そしてその重さは出力軸上の支点によって支えられなければならない．これらは不確かで，測りようのない摩擦力のもとになるため深刻な問題です．

　というわけで，ジャイロを改良するためにまずとった基本的な策はジャイロを缶の中に入れてその缶を油の中に浮かべるということでした．缶は円筒形で完全に油の中につかっていて，その軸（図 4-11 の"出力軸"）のまわりを自由に回れる．缶の中には車輪と空気が入っているが，その重さは缶が排除した油の重さに等しくして（できるだけそうなるようにしてある），平衡が保てるようにしてある．こうすれば，支点で支えるべき重さはごくわずかになって，腕時計に使っているような細い針と宝石からつくられている精巧な宝石軸受けが使えることになります．

　宝石軸受けは横方向の力にはごくわずかな力にしか耐えられないが，この場合に横方向の力は強くない——ということで摩擦はきわめて少ないのです．すなわちジャイロの車輪を浮かせ，それを支える支点には宝石軸受けを使う，というのが第一の大きな改良点でした．

　次の重要な改良点は，ジャイロスコープを実際に力——非常に大きな力を作り出すことには使わないということです．これまでの話では，ジャイロの車輪は出力軸のまわりを歳差運動して，その歳差運動の大きさを測るというものでした．しかし入力軸のまわりの回転の効果を測るもう 1 つの興味深い方法は次のようなアイディアをもとにしています（図 4-10, 4-11 参照）．

　いま，ある一定の電流を流すと出力軸にあるトルクをきわめて正確に発生させることができるような精密な装置——電磁トルク発生器——があるとします．そうすると，信号発生器とトルク発生器のあいだに莫大な大きさの増幅率のあるフィードバック装置をつくることができます．そして，船が入力軸を回すように動くとジャイロの車輪が出力軸のまわりに歳差運動を始め，ほ

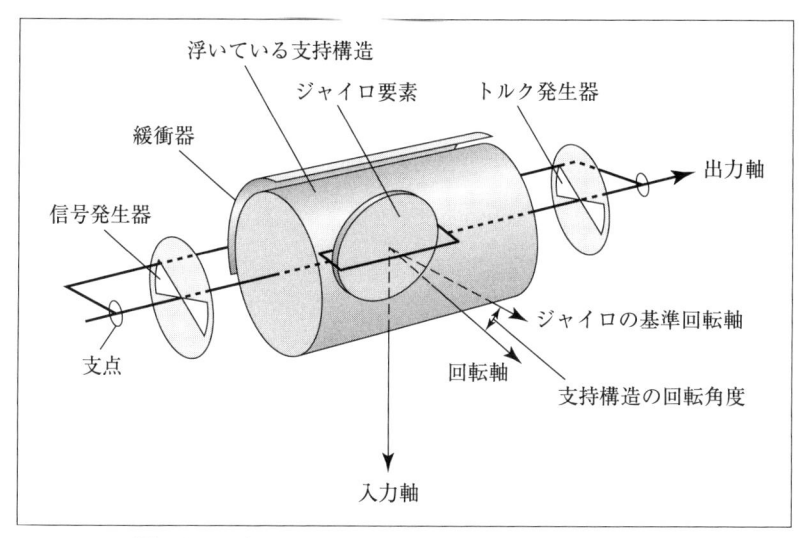

図 4-11　1自由度の統合型ジャイロスコープの詳細概念図．
(講義のスライドによる)

んのわずか髪の毛1本——たった1本——ほども動くと信号発生器が"おい，動いてるぞ！"と叫んで，そして，トルク発生器がただちに出力軸にトルクを働かせます．さらに，ジャイロの車輪を歳差運動させているトルクに反作用を与えて，安定させるというわけです．そこで質問は，"それをそこに安定させておくには，どのくらいの力が要るのか"ということです．いいかえれば，トルク発生器にどのくらい電力をつぎ込んでいるかを測るということです．ほんとうのところは，ジャイロの車輪に歳差運動をさせているトルクと釣り合わせるにはどれだけの逆のトルクが必要であるかを測定することによって，ジャイロの車輪に歳差運動をさせているトルクの大きさを測っています．このように情報をもとに戻して制御するというフィードバック制御の原理はジャイロスコープの設計と開発においてたいへん重要なことです．

　さて，もう1つの実際のところもっと頻繁に使われている，興味深いフィードバック制御の方法を図 4-12 に示しました．

　ジャイロは支持枠の中央部にある水平な支持台のうえの小さな缶(図 4-12 の"ジャイロ")です．(いまのところ，ジャイロにだけ注目するので加速度計は無視してよい.) 前の例とは違ってこのジャイロの基準回転軸(SRA)は

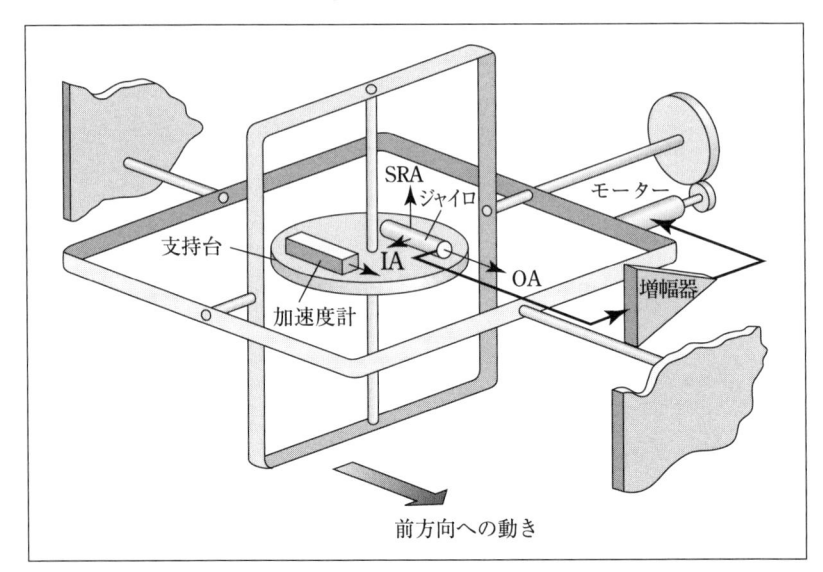

図 4-12 1 自由度の安定支持台の概念図.（講義のスライドによる）

鉛直ですが，出力軸(OA)はここでも水平です．もしいま，支持枠が図に示されているような方向に向かって飛んでいる(図 4-12 の"前方向への動き")飛行機の中に取り付けられているとすると，入力軸は飛行機の前と後ろの上下の揺れの軸になります．飛行機の前後が上下に揺れるとジャイロの車輪は出力軸のまわりに歳差運動を始め，信号発生器が信号を出します．しかしそのときこのフィードバック制御方式は，トルクによって平衡を保とうとはしないで次のようにします．

飛行機が前後の上下揺れをし始めるとすぐに，飛行機に対してジャイロスコープを支持している支持枠は，反対の方向へまわって，飛行機の運動を元へ戻すような信号を出す．そして信号を出さなくてもいいように飛行機の方向をもとへ戻す．いいかえればフィードバック制御によって支持台を安定に保っているのです．ジャイロスコープ自体は実際にはまったく動かなくてもいいんです！ これは，ジャイロスコープに揺れたり回ったりさせながら，信号発生器の出力を測って飛行機の前後の揺れ加減を調整しようという方法に比べるとはるかにましです！ 信号をこういうふうにして，もとに戻すほうがはるかに簡単です．こうすれば支持台はまったく動かないで，ジャイロ

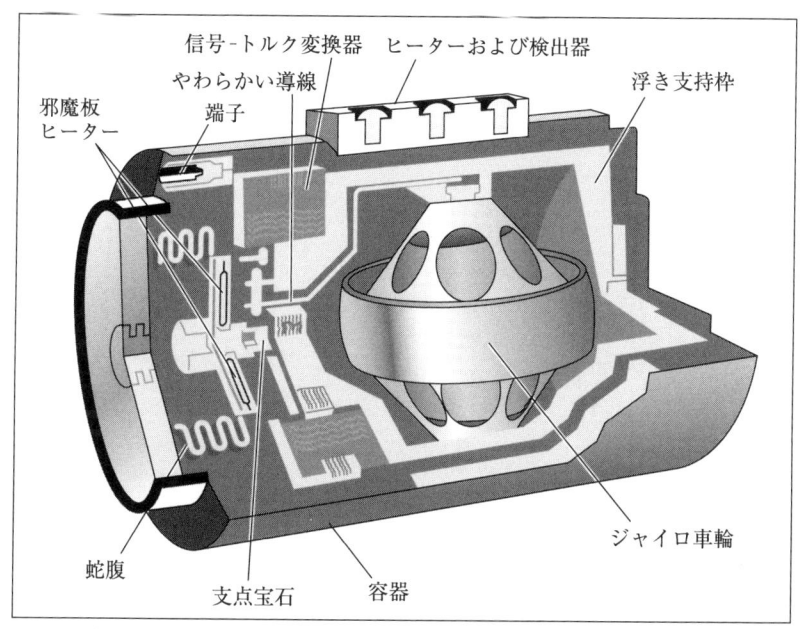

図 4-13　1 自由度の一体型ジャイロスコープの実物断面図．
（講義のスライドによる）

スコープの軸もそのままに保持されるし——そのうえ支持台と飛行機の床の間を比べることで前後の傾きの角度を簡単に知ることができます．

　図 4-13 は "1 自由度のジャイロスコープ" が 実際にどのように作られているかを示す断面図です．この図ではジャイロ車輪はたいへん大きなものにみえますが，この装置全体は僕の手のひらに収まるくらいの大きさです．ジャイロの車輪は缶の中にあってごくわずかの油の中に浮いています——油は缶のまわりの狭い隙間のあいだにあります——がそれでも缶の重さを両端の非常に小さな宝石軸受で支える必要がないように働いています．ジャイロの車輪はつねに回っています．その車輪が回るための軸受は摩擦なしである必要はありません．というのはそれらは反対の力を受けているからです．摩擦はジャイロの車輪を回している小さなモーターを回転させているエンジンによって反対の力を受けているからです．また，小さな電磁石(図 4-13 で "信号-トルク変換器")があって，缶のほんの少しの動きでも検出してフィードバック信号を出して缶に出力軸のまわりのトルクを発生させるか，ジャイ

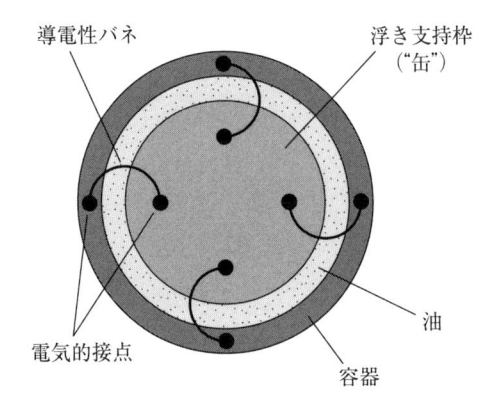

図4-14 の説明ラベル: 導電性バネ／浮き支持枠（"缶"）／電気的接点／油／容器

図 4-14　1自由度のジャイロスコープにおける容器から浮き支持枠への電気的接続.

ロが乗っている支持台に入力軸のまわりを回らせるようにするかします．

　ここに少々難しい技術的な問題があります．ジャイロの車輪を回転させるためのモーターを動かさなければならない，すなわち装置の固定された部分から動いている缶に電力を供給しなければならないのです．ということは缶とのあいだに接点がなければならないが，その接触点では摩擦はほとんどないようにするという難しい問題です．これは次のようにして解決しています．図 4-14 に示すように半円形の精密に作られた 4 個のバネを缶の上の導体に接続する．バネは腕時計のバネのようなたいへんいい材料で，きわめて細く作られていて，缶がちょうどゼロ点にあるときにトルクがまったく発生しないように調整されています．缶がごくわずかでも回れば，バネからトルクが生まれる．しかし，バネは非常に精密に作られていて，発生したトルクが正確にわかるようになっていて——そのための方程式が用意されている——それをうけて，フィードバック装置の電気的回路によって修正されるというようになっているのです．

　そのほか，缶は油からもかなりの摩擦力を受けます．これは，缶が回るときに出力軸のまわりにトルクを作りだしますが，液体油の摩擦力についてはたいへんよく知られていて，缶の回転の速さに正確に比例することがわかっていますから，バネの場合と同様に，フィードバックさせる回路の計算部分で完全に修正することができるのです．

　この種の正確さを必要とするすべての装置に共通な大原則は，あらゆる部

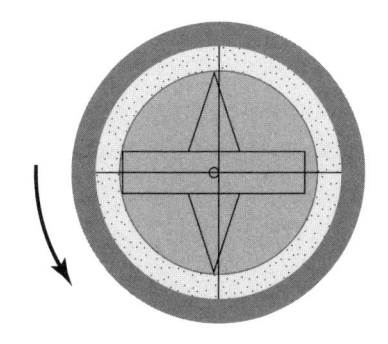

図 4-15 1自由度のジャイロスコープの平衡のとれていない支持枠は出力軸のまわりに望ましくないトルクを生みだす．

分を完璧につくることに力を入れるというのではなくて，すべての役割をはっきり決めて，そのとおりに作る，ということです．

これは，かのすばらしい "1頭引き馬車"[2] のようなものです．すべてが現在の機械技術の極限的粋を集めて作られ，そしてそれをさらによいものにしようとしている．しかしもっとも深刻な問題は，もし，図 4-15 に示すように，ジャイロの車輪の車軸が缶の中で中心からごくわずかずれていたらどうなるかということです．缶の重心は出力軸と一致しないから，車輪の重量は缶のほうを回すことになって，望ましくないトルクを生み出します．

それをなおそうとしてまずやることは，小さな穴をいくつか開けるか，あるいは缶に錘をつけるかして，できるだけ平衡が保てるようにする．そしてどれだけ横ずれが残っているか慎重に測定して，それを較正に使おうとするぐらいのことでしょう．つくったものを測ってみたとき，ずれがあるのがわかったが，それをゼロにすることができないというときには，それはフィードバック回路を使えばいつでも修正することができる．しかし，いまの場合の問題は，ずれが決まったようには起きないということにあるのです．ジャイロが2,3時間動いたあとでは重心の位置は車軸軸受けの磨耗のためにごくわずか動くからです．

---

2)「ディーコンの傑作(The Deacon's Masterpiece)」あるいは「すばらしい "1頭引き馬車"：ある論理的物語(The Wonderful "One-Hoss Shay"：A Logical Story)」はオリバー・ウェンデル・ホルムス(Oliver Wendell Holmes)の詩で，1台の完璧に設計された1頭引き馬車が100年間もこわれずに働いていたけれども，あるとき突然ちりのように崩壊してしまったという物語．

最近ではこの種のジャイロスコープは10年前に比べて100倍以上もよくなっています。もっとも高性能のものは毎時1/100度以下のずれしかありません。図4-13に示した装置ではジャイロの車輪の重心は缶の中心から数ミクロンのそのまた1/1000以下の距離しか動けないのです！　高度の加工技術で達成できる精度は数ミクロン程度ですから，これは高度の加工技術の1000倍もよいということになります。実際のところこれがもっとも厳しい問題の1つなのです——回転軸の軸受けが磨耗して，ジャイロの車輪が中心から左右どちらの方向にしても原子にして20個分も動いたりしないようにすること，これが難しい．

4-7　加速度計

　これまで話してきた装置は，どっちが上かを知るとか，何かが軸のまわりを回らないようにするといったことにも使えます．もし，こんな装置が3台別々の3個の軸に支持枠やら何やらと一緒に据え付けてあれば，物体をまったく静止した状態に保つことができます．飛行機が旋回するとき，内部の支持台は水平を維持して，決して右や左にまがらない，何もしないのです．こうすれば，北，東，あるいは上，下，そのほかどんな方向でも維持できるわけです．そこで，次の問題はわれわれがどこにいるのか，どれだけ飛んだのか，ということです．

　さて，飛行機がどれだけの速さで飛んでいるかを飛行機の中で知ることはできないことは知ってのとおりですが，そうするとどれだけの距離飛んだかもわかりません．しかしどれだけ加速しているかは測ることができる．したがって，まず最初に加速度がないということがわかれば，"ゼロ位置にいて，加速度がない"といえます．われわれが動き始めるには加速度がなければならない．加速すればそれを測ることができる．そこで，その加速度を計算機で積分すれば飛行機の速さを知ることができる．そして，もういちど積分すればその位置がわかる．したがって，何かがどれだけ動いたかを知ろうとすることは，加速度を測ってそれを2度積分するということに落ち着くわけです．

　加速度はどうやって測るか．誰でもまず思いつくような，加速度の測定装

4.7 加速度計

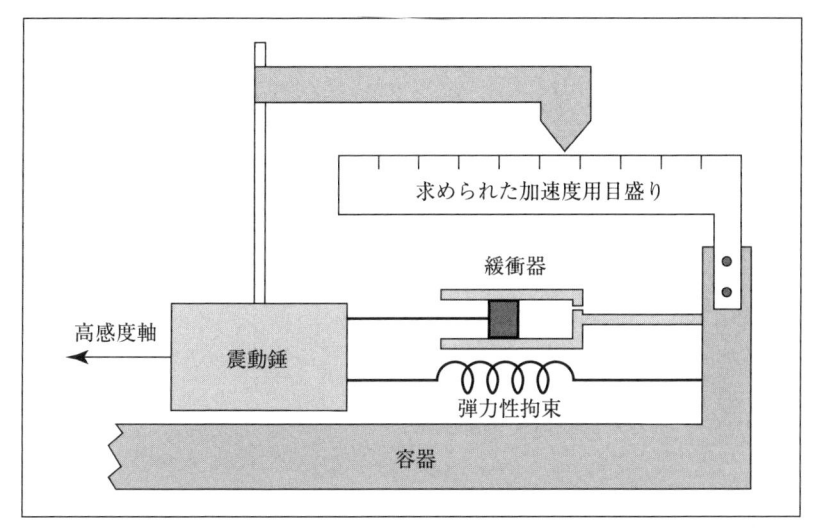

図 4-16 簡単な加速度計の概念図．（講義のスライドによる）

置の概念図を図 4-16 に示しました．もっとも重要な部品は単なる錘です（図中の"震動錘"とある部分）．また，その錘をほぼ定位置にとどめるための一種の弱いバネ（弾力性拘束）のようなものと，振動をおさえるための緩衝器などがついていますが，これらの細かい話は重要ではありません．さて，この装置全体が前のほう，すなわち矢印（高感度軸）で示された方向，に加速されたとしよう．そうすると，もちろん錘はうしろに動きはじめる．そして，目盛り（求められた加速度用目盛り）を使って錘がどれだけうしろに動いたかを測定します．このことから，加速度を知ることができて，それを2度積分することによって，距離が求まります．もちろん，錘の位置の測定に小さな誤りがあって，どこかの点で加速度の測定に誤差がでたりすると，2度積分を計算する長い時間の間には距離はおおきく違った値になります．したがって，そんなことのないようなよりよい装置を作らなければなりません．

　図 4-17 に示したのは，もう一段改良されたもので，おなじみの原理を利用したものです．この装置が加速されると錘が動く．そうするとその動きが信号発生器に働きかけて移動距離に比例した電圧を出力する．そこでうまいやり方は，ただ単に電圧を測定するだけではなく，それを錘を引き戻す装置に増幅器を通じてフィードバックして，錘を動かないように維持するために

118　4 力学的効果とその応用

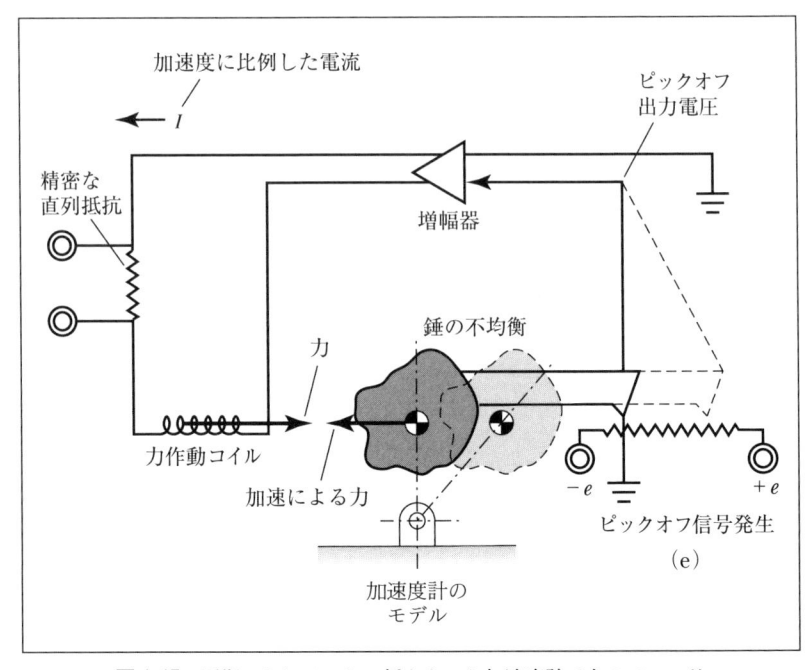

図 4-17　平衡のとれていない錘をもった加速度計で力のフィードバック回路をもったものの概念図．(講義のスライドによる)

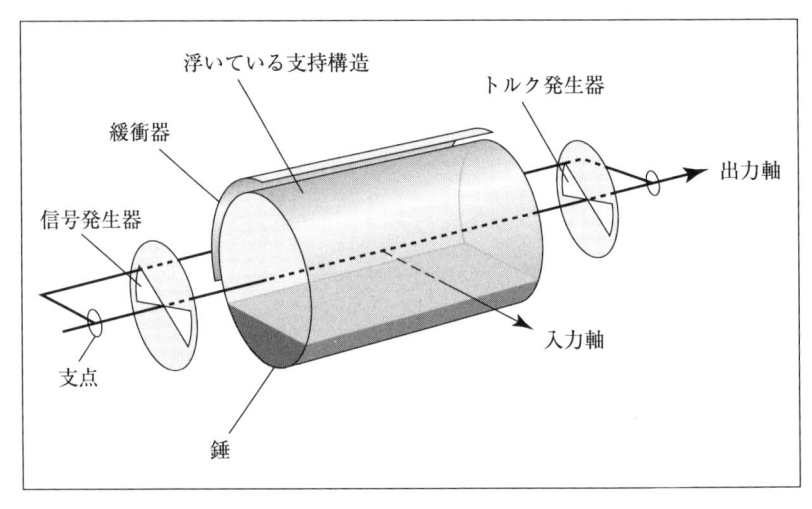

図 4-18　浮いた支持枠を持った加速度計でトルクのフィードバック回路をもったものの概念図．(講義のスライドによる)

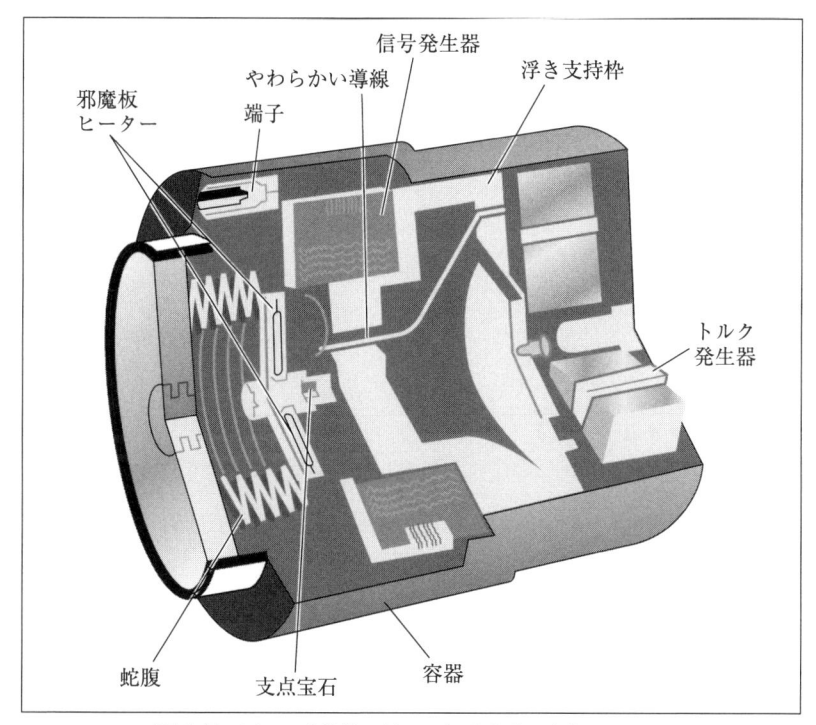

図 4-19 浮いた支持枠を持った加速度計の実物断面図.
（講義のスライドによる）

はどれだけの力が必要かをみつけだすのです．いいかえれば，単に錘を自由に動かせてそれがどれだけ動いたかをみるのではなく，錘の平衡を保つのに必要な反作用的な力を測るのです．そして，$F=ma$ という関係から加速度を求めるわけです．

こうした装置の具体化したものの概念図を図 4-18 に示します．図 4-19 は実物がどのように作られているかを示す断面図です．これは，中が空のように見えることをのぞけば図 4-11, 4-13 に示したジャイロによく似ています．ジャイロスコープの代わりに，底の近くの片側に錘がついているだけです．缶全体が液体油に浮いて支えられていると同時に平衡を保っている（みごとに美しくて，繊細な宝石支点の上に乗っている）．そしてもちろん，缶は重力のために錘が乗っている側が下になっています．

この装置は，缶の軸に直角な方向の水平加速度を測定するために使われま

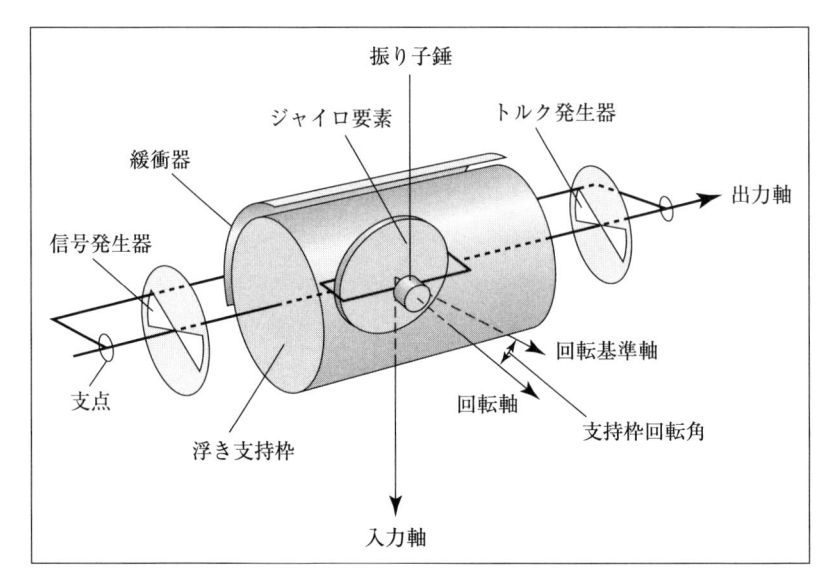

図 4-20　加速度計としてもちいられている一体型 1 自由度の振り子型積分ジャイロの概念図．支持枠の回転角は速度を表わす．(講義のスライドによる)

す．その方向に加速されるやいなや，錘は後ろにとり残されて缶の側面をずり上がることになって，支点に支えられながら回る．信号発生器はただちに信号を出しその信号はトルク発生器のコイルに作用し，缶をもとの位置に戻すような働きをさせる．前と同じように，トルクをフィードバックさせてもとの正常な位置に戻す．そして，錘が振れないようにするにはどれだけの強さがあればよいかを測定すれば，そのトルクからどれだけ加速しているかがわかるというわけです．

　加速度を測るもう 1 つの興味深い装置，これは実際のところ積分を自動的に 1 回やるというものだけれども，そういう装置の概念図を図 4-20 に示しました．その考え方は錘(図 4-20 の "振り子錘")が回転軸の片側についていること以外は図 4-11 に示した装置と同じです．

　この装置が上のほうへ加速されると，トルクがジャイロスコープ上に発生します．そこから先は前に話した装置と同じです．ただトルクが缶の回転によってではなく，加速によって生まれるというだけの違いです．信号発生器やトルク発生器その他のものはみな同じで，フィードバック操作は缶を出力

軸のまわりに回してもとに戻すのに使われます．缶の平衡を保つには錘にかかる上向きの力は加速度に比例しなければならないが，錘にかかる上向きの力は缶がひねられる角速度に比例している．したがって，缶の角速度は加速度に比例しています．このことは缶の角度は速度に比例していることを意味しています[*]．ということは，缶がどれだけ回ったかを知ることから速度がわかる——ということで1つの積分はもうやってしまったことになります．(だからといって，この加速度計がほかのものよりよいというわけではありません．どのような場合にどのようなものがよいかは，技術的に細かいさまざまなことがらに関係していて，それは設計の問題です．)

4-8 すべてを備えた航行システム

さて，いままで説明したようなものを図4-21に示すように1つの支持台の上にまとめて据え付けると，1つの完全な航行システムができあがります．3個の小さな円筒 (G_x, G_y, G_z) は互いに直交する3方向に軸をもったジャイロスコープで，3個の長方形の箱 (A_x, A_y, A_z) は加速度計で，それぞれの軸に1個ずつ取りつけてあります．これらのジャイロスコープは，飛行機(あるいは船，あるいは何でもいい，それを積んでいるもの)が動き回っているときにフィードバック系統を通じて，支持台を機体とは関係のない絶対的な空間の中でどの方向にも曲がらないように——頭を左右に振らせたり，上下に振動させたり，本体を横に揺れさせたりしないように——保って，支持台の平面が非常に高い精度で一定に維持されるようになっています．これは加速度測定装置にはたいへん重要なことで，どっちの方向について測っているかを正確に知っていなければならないからです．もし，見方がゆがんでいて，航行システムがある方向へ曲がったときに，それとは別な方向に曲がったと判断したりすると，系統はでたらめになります．そこをうまくやる術は，加速度計を空間の中で一定の方位に保って，移動距離の計算を容易にすること

---

[*]〔訳注〕 装置の速度を v とすると，錘にかかる慣性力によるトルク τ は加速度 dv/dt に比例する．他方で，ジャイロの角運動量 L_0 にくらべて，この力によるトルクは直角方向で，かつ小さいから $\tau = L_0 d\theta/dt$ (L_0 は定数)である．したがって，缶の角度 θ は速度 v に比例する．(『ファインマン物理学』第I巻20-3節参照)

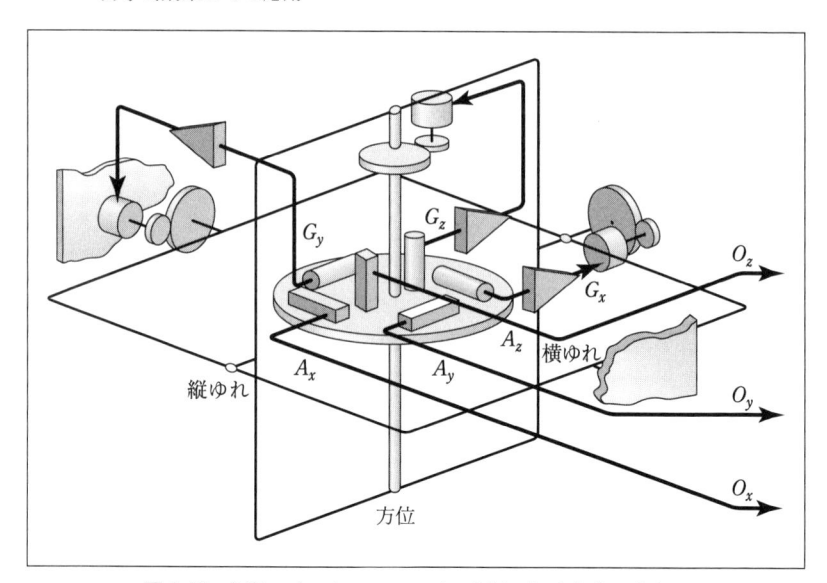

図 4-21 3個のジャイロスコープと3個の加速度計を安定した支持台の上に据えつけた，すべてを備えた航行システム．（講義のスライドによる）

です．

　加速度計 x, y, z の出力は積分回路へ送られ，それぞれの方向について2度積分することにより移動距離計算をします．したがって，どこかある場所での停止状態からはじめたとすると，その後のあらゆる時点でわれわれがどこにいるかということがわかります．そして，（理想的にいけば）支持台は出発時に設定したのと同じ方向を保っているから，われわれがどっちの方向に向かったかということもわかります．以上がおおよその考え方ですが，ここで 2, 3 言っておきたいことがあります．

　まず，加速度を測るとき，装置にたとえば 100 万分の1の誤差があったとしたらどうなるかについて考えてみよう．いまそれがロケットの中にあって，$10g$（g は重力の加速度）までの加速度を測りたいとする．$10g$ まで測れる計測器で $10^{-5}g$ 以下の分解能をもたせるのは難しい（実際のところ不可能だろうと思う）．しかし，$10^{-5}g$ の誤差が加速度の測定にあったとしよう．そうすると，1 時間にわたって2度積分すると，位置にして 0.5 キロメートル以上の誤差になる——10 時間後には 50 キロメートル以上ということになり，

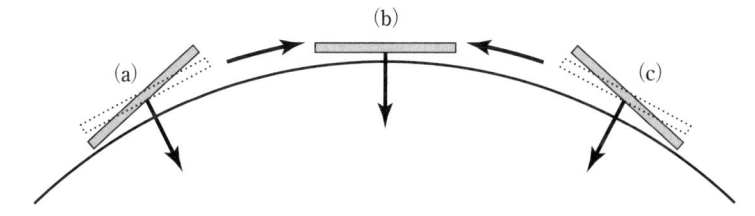

図 4-22 安定な支持台が水平を保っていることを地球の重力で確認する.

このずれは大きい．ということでこのシステムを作動させ続けるわけにはいかない．もっともロケットの場合にはこれは問題にはなりません．ロケットでは加速があるのはほんの初めのうちだけで，あとは慣性で飛ぶだけだからです．しかし，飛行機や船の場合には通常の方向ジャイロと同じように，それが同じ方向を向いていることを確認するためにときどき系統を補正しなおさないといけない．それは星や太陽を見ればやれるが，でも潜水艦の中だったらどうする？

　もし海の地図を持っていれば，水面下を山のようなものか何かが通り過ぎたとわかるかもしれない．地図がなかったとしたら——それでも確かめる方法はある！　これがその考え方です．地球は丸い，そして，われわれがどちらかの方向へ百数十キロも行ったとしよう．そこでは重力はもはや前と同じ方向ではない．もし，支持台を重力に直角な方向に保持していなければ加速度測定装置の出力はまったく間違ったものになる．そこでどうするか．こうするんです．まず，支持台を水平にして，加速度測定装置を使ってわれわれの位置を計算する．その位置を基本にして支持台を水平に保つにはどれだけ回さなければならないかを求めて，その予測した速さにしたがって支持台を回して水平を保つのです．これはたいへん便利な方法でもあるし——それにだいいち面倒なことをしなくてもすむので助かります．

　そこで，もし誤差があったらどうなるかについて考えてみよう．いま，装置が部屋の中に置かれている．動かないでいる．そして，ある時間がたった後に装置のつくりが不完全だったために，図 4-22(a) に示すように，支持台が水平でなくなってしまったとしよう．

　そうすると，加速度計の中の錘は位置がずれて，そのずれに見合った加速

度にしたがって，装置が計算した結果はたとえば右の(b)のほうへの移動を示すことになる．そこで装置自体は支持台を水平に保とうとするからゆっくりと回る．そして最終的には支持台が水平になった時点で，装置はもう加速はしてないと判断する．しかし見かけ上の加速度があったことになっているから，装置は加速度があったと同じ方向への速度はもち続けていると思い込んでいて，支持台の水平を保とうとして，計算にしたがってきわめてゆっくりとではあるが，回転する．そうすると図4-22(c)に示すように回りすぎて水平でなくなるところまで行ってしまう．実際のところ，加速度ゼロを通り過ぎてしまうので，装置は逆の方向の加速度を受けたと思い込むことになる．その結果ごく小さな振動を起こすことになるが，誤差は1つの振動ごとの間についてのみ，つみあげられることになる．いま，関係するさまざまな角度や，回転の動きやらを調べてみると，これらの振動は1回につき84分かかることがわかる．したがって，84分の間に十分な精度を持つように装置を補正してやりさえすれば，装置はその時間内に必要な修正を自分でするから，いいことになる．これは飛行機の中でジャイロコンパスを磁気羅針儀でときどき補正するのと同じようなものであるが，この場合には，人工地平線装置の場合と同様に重力と比較して装置の補正をおこないます．

　これとほぼ同じような方法で，潜水艦の方位角装置（これはどっちが北かを教える）もときどきジャイロ羅針儀で補正されます．羅針儀は長い時間にわたって平均をとるので船の動きはあまり影響しない．こうして，方位角はジャイロ羅針儀で補正することができるし，加速度計は重力によって補正することができるので誤差の蓄積は永久にしつづけるということはなくて，わずかに1時間半ほどだけということになります．

　潜水艦ノーチラス号の場合には，この型の巨大な支持台が3台あって，それぞれが，航海室の天井から横並びにぶらさげられている．それらは完全に独立していて，どれかが故障したりする場合に備えている——そしてまた，もしそれらがたがいに違った表示をした場合には，航海士はその3台のうちのもっともよさそうな2台のものを採用します（これには航海士もそうとう神経を使ったに違いない！）．どんなものであってもまったく完璧に作ることはできないので，これらの支持台も作られたときにはそれぞれ違いがでま

す．したがって，装置のわずかな不確かさによるずれはそれぞれの装置について測定して，それぞれについて補正しなければならないわけです．

ジェット推進研究所にはこういったいくつかの新しい装置の試験をする実験室があります．この実験室は，こういった装置はどうやって検査するのだろうということから考えると，これはなかなか興味深い実験室です．君たちはそのために船に乗って動き回るということはしたくないでしょう．そうしなくていいんです．この実験室では装置を地球の回転と比較して試験しています！　試験装置の精度が十分よければ，地球の回転によってずれをおこす．そのずれを測定すれば，短時間のうちに修正すべきところが決められるというわけです．この実験室は，その基本的な特徴が——それがあってこそ役に立っているという特徴が——地球が回っているということだという，おそらく世界でただ１つの実験室でしょう．この実験室は地球が回らなけりゃあ補正に使えないんです！

4-9　地球の自転の影響

次に話そうと思っていることは，地球の自転の影響についてです(慣性航法用の機器の補正に与える影響を除く)．

地球の自転の影響のもっとも顕著なものの１つは，大きな規模での風の動きです．ところで，君たちが何度も聞いたことがある，よく知られている話として，浴槽の排水口の栓を抜くと水は北半球にいればある方向に回るし，南半球にいればその反対方向に回るというものがある．しかし，実際にやってみるとそうはならない．この，一方向に回るはずだという理由はこんなふうに説明される．大きな海の底，たとえば北極海の底，に排水口があったとしよう．そこで，栓を引き抜くと水は排水口から流出しはじめる(図 4-23 参照)．

海洋は大きな半径を持っていて，水は，地球の回転のために排水口のまわりをゆっくりと回ります．水が排水口の方に近づいてくると，おおきな半径のところから小さな半径のところへくることになるので，角運動量を維持するためにより速く回らなければならないことになります(アイススケートのスピンのときに腕をちぢめるのと同じような話で)．水は地球の自転と同じ

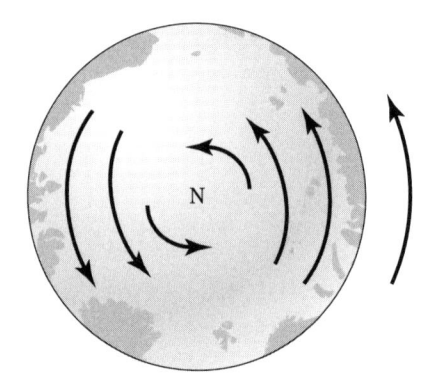

図 4-23 北極の仮想的排水口から水が流れ出ているところ．

方向に回るのですが，もっと速く回ることになるので地球上に立っている人間からは，排水溝のまわりに渦を巻いているように見えるわけです．そのとおりなんです，そのとおりでなければなりません．風の場合にもまったくそのとおりになるわけです．気圧の低い場所があって，まわりの空気がそこへ流れこもうとすると，まっすぐに進まないで，横にまがる運動をする――実際のところ，横向きの動きが大きくなりすぎて，流れこむのではなくて実際上は低気圧地域のまわりをぐるぐる回るということになったりします．

ということで，これが気象上の1つの法則になっています．北半球で風下を向くとつねに低気圧は左側にあり，高気圧は右側にある（図 4-24 参照）．これは地球の自転のためだというのです．（これはほぼ常に正しいけれど，ときどきへんなことがおきて，違ったりする．それは，地球の自転以外にもさまざまな力が作用することがありうるからです．）

ところで，浴槽でそうならないのはこういうわけです．浴槽での現象は水のはじめの回転に原因があるからです．浴槽の水は事実回っているのです．一方，地球の自転はどのくらいの速さか？ 1日1回です．浴槽の水が，浴槽を1日に1回ほど回るようなわずかな動きすらしていないと断言できますか？ いや，通常浴槽内にはさまざまな水の揺れ動きがあるものなんです！ したがって，この話は大きな規模ではじめておこる現象の話なのです．水が静かに蓄えられている大きな湖では，水全体が回る動きが湖を1日に1回回るというほど速くないということは容易に示すことができます．その場合には，湖の底に穴を開けて水を流しだせば，水は正しい方向に回ります．かね

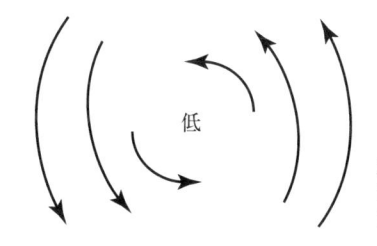

図 4-24　北半球で低気圧地域へ向かって高気圧の空気が集中的に流入しようとしているところ.

て宣伝したとおりというところです.

　地球の自転については興味深い話が 2, 3 あります．1 つは地球が完全な球ではないということです．回転することによって少しゆがんでいる—重力と遠心力との釣り合いの関係で回転楕円体のようになっています．どの程度かについては，地球にどれだけ順応する性質があるかがわかれば計算できます．地球が粘性のない完全な流体であって最終的な形に落ち着くまでじわりじわりと変形していくとして，変形の度合いがどれだけかを知ろうとすると，地球の変形の度合いを計算値と測定値の違いが誤差の範囲内であるような精度（約 1 パーセントの精度）で求めることができます．

　月の場合にはこのようにはいきません．月は回転の速さに比べてより大きく偏った形をしている．いいかえれば，月は液体状であったときにもっと速く回転していて，ちゃんとした形になる前にしっかりと固まってしまったのか，あるいは，実はこれまで溶けていたことはなくて，たくさんの流星を投げ込んで固めて作ったのか—それをやった神様が完全に精密に，かつ調和が取れるようにやらなかったせいか少しひずんでしまっています．

　もう 1 つ話しておきたいことは，回転楕円体の形をした地球は，太陽のまわりの地球の公転の面（あるいは月の地球のまわりの公転の面，これもほとんど同じ面です）に直角ではない軸のまわりを自転しているということです．もし地球が球であれば，重力と遠心力はその中心に対して平衡がとれるわけですが，少しゆがんでいるので，力は平衡していなくて，地球の軸を力の働く方向と直角な方向にしようとする重力の作用があって，そのために，大きなジャイロスコープのように地球は宇宙空間で歳差運動をすることになります（図 4-25 参照）.

　現在北極星の方向を向いている地球の自転軸は実際には少しずつずれて動

128   4 力学的効果とその応用

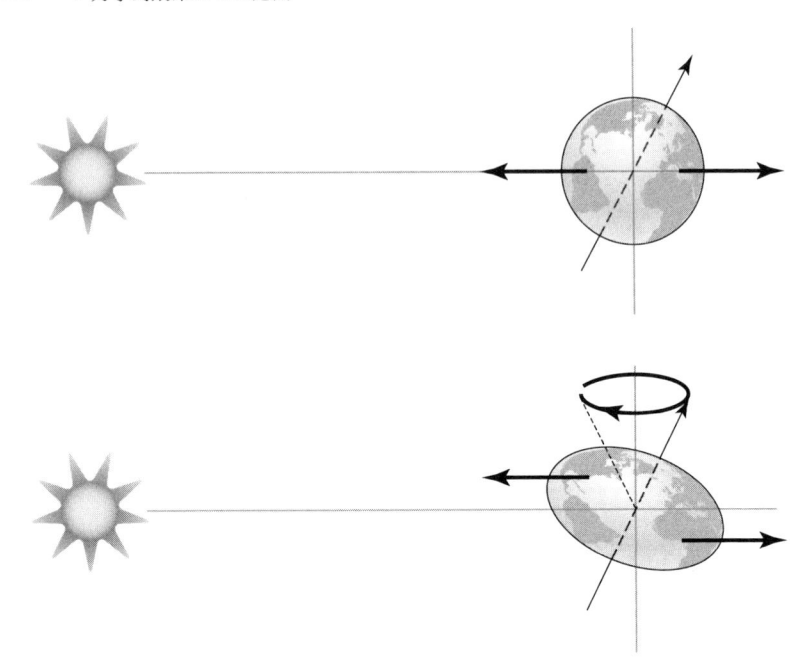

図 4-25　変形した地球が重力の影響で歳差運動をする．

き回っています．そしてときが来れば頂角 23.5 度の巨大な円錐上のすべての星を順に指していきます．再び北極星に戻るまでには，いまから 26,000 年かかるので，もし君たちが 26,000 年後にふたたび生まれ変わってきたら変わったことに何も気がつかないだろうけれども，ほかのときだったら現在の"北極星"は別の位置にある（名前も違っているかもしれない）ことになるでしょう．

4-10　回転している円盤

　この前の講義（『ファインマン物理学』第 I 巻，第 20 章，"3 次元空間における回転"）の終わりのところで剛体の角運動量は角速度と必ずしも同じ方向ではないという興味深い事実について話をしました．その 1 つの例として，図 4-26 に示すように回転する車軸に斜めに円盤を固定したものを考えたけれども，これをもっと詳しくみてみよう．

　まず，僕が前に話をした興味深いことについて思い出して欲しい．すなわ

4.10 回転している円盤   129

図 4-26 回転する車軸に斜めに取り付けられた円盤．

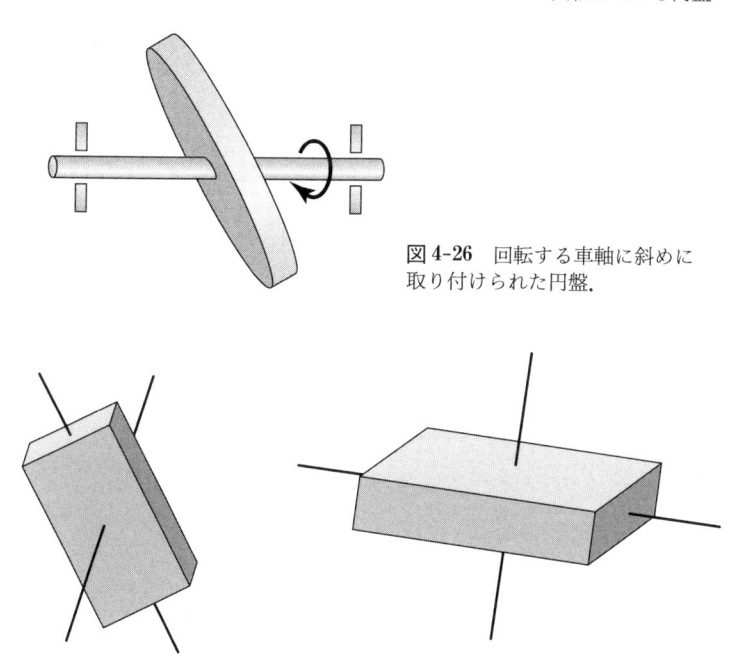

図 4-27 長方形の塊と慣性モーメントが最小と最大の慣性主軸．

ち，すべての剛体において重心を通って，そのまわりの慣性モーメント*)が最大であるような軸が存在するが，一方もう1つ，重心を通ってそのまわりの慣性モーメントが最小な軸が存在して，それらの軸は常に互いに直交するというものでした．図4-27に示すように長方形の場合にはこれは容易にわかるけれども，なんと驚いたことに，これはどんな剛体についてでも正しいんです．

この2つの軸と，この両方に直交するもう1つの軸はその物体の慣性主軸と呼ばれています．この慣性主軸は次のような特別な性質をもっています．すなわちその物体の角運動量の1つの慣性主軸方向の成分は，その方向への角速度の成分に，その軸のまわりの慣性モーメントを掛けたものに等しいと

---

*)［訳注］ 物体部分の質量を m_i，回転軸からの距離を r_i とするとき，$m_i r_i^2$ の総和を慣性モーメントという．これを I とし，回転の角速度を Ω とするとき，角運動量の大きさ L は $L = I\Omega$ で与えられる．トルク τ と角運動量との間には $\tau = dL/dt$ の関係がある．

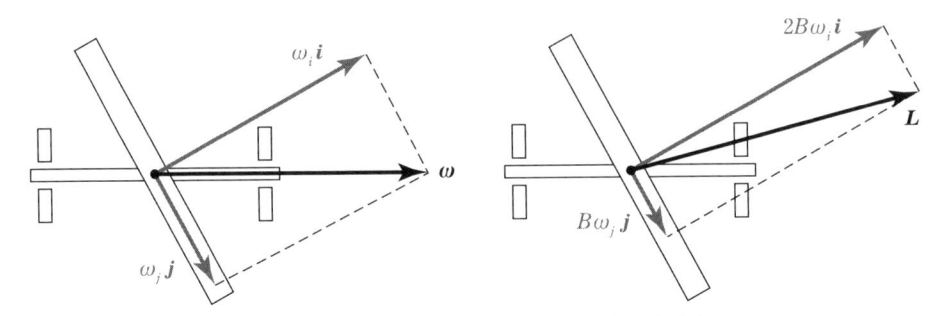

図 4-28　車軸によって回転させられている円盤の角速度 $\boldsymbol{\omega}$ と角運動量 $\boldsymbol{L}$, およびそれらの円盤の慣性主軸方向の成分.

いうものです．したがって，$\boldsymbol{i}, \boldsymbol{j}, \boldsymbol{k}$ をある物体の慣性主軸方向の単位ベクトルとして，A, B, C をそれらに対応した主慣性モーメントとすると，その物体が重心のまわりに角速度 $\boldsymbol{\omega}=(\omega_i, \omega_j, \omega_k)$ で回っているとき，その慣性モーメントは次のようになります．

$$\boldsymbol{L} = A\omega_i\boldsymbol{i} + B\omega_j\boldsymbol{j} + C\omega_k\boldsymbol{k}. \tag{4.1}$$

質量 m 半径 r の薄い円盤については慣性主軸は次のようになります．円盤に垂直で最大の主軸の慣性モーメントは $A = \frac{1}{2}mr^2$ です．この主軸に直角な主軸はすべて最小の慣性モーメント $B = C = \frac{1}{4}mr^2$ をもっています．したがって慣性主軸のまわりの慣性モーメントは等しくありません．事実，$A = 2B = 2C$ です．したがって，図 4-26 のように車軸が回転すると円盤の角運動量は角速度と平行ではないのです．円盤は重心の位置で車軸に取り付けられているので，静的には平衡がとれていますが，動的には平衡がとれていません．車軸を回すと，円盤の角運動量を回さなければならないのでトルクを作用させることになります．図 4-28 は円盤の角速度 $\boldsymbol{\omega}$ と角運動量 $\boldsymbol{L}$, それから円盤の慣性主軸方向へのそれらの成分を示したものです．

しかしここで，このもう 1 つの興味深いことについて考えてみよう．いま図 4-29 に示すように，円盤に軸受けを取り付けて円盤をその主軸のまわりに角速度 Ω でくるくると回転させることができるようにしたとしよう．

そうすると，車軸が回っている間，円盤は車軸の回ること，および円盤の回転の双方からくる実際の角運動量をもつことになる．もし円盤を図に示したように車軸が回っているのと反対の方向に回転させると円盤の角速度の主

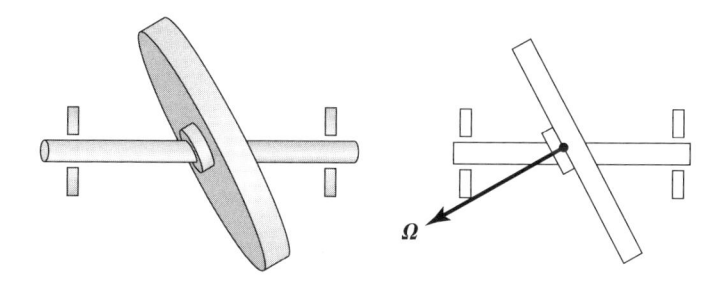

図4-29 車軸を静止させた状態で，円盤をその主軸のまわりに角速度 Ω で回転させる．

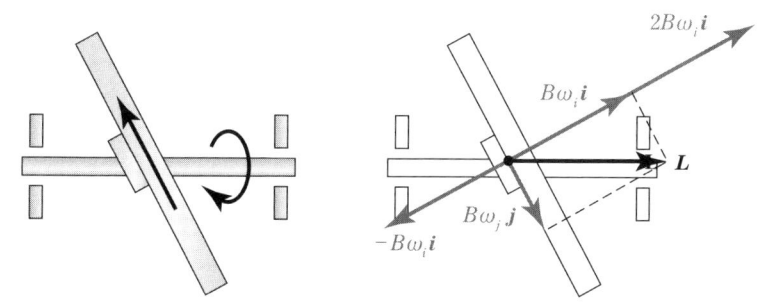

図4-30 主軸をまわしながら，同時に円盤をその主軸のまわりに反対方向に回転させて，全角運動量が主軸に平行になるようにする．

軸方向の成分を少なくする．実際のところ，円盤の軸方向と半径方向の慣性主軸まわりの慣性モーメントの比は正確に2:1だから，式(4.1)によれば円盤を逆方向に，車軸の回る速さの正確に半分の速さで($\Omega = -(\omega_i/2)\boldsymbol{i}$ というように)回転させることによって，両者を合わせた角運動量がまったく車軸と同じ方向になる——ということは，力が働いていないということだから，重力が働いていないとすれば車軸をとり除くことができるという，奇跡を起こさせます！(図4-30参照)．

こういうふうにして空間に自由に浮いている物体は回っているのです．皿や硬貨を空中に投げ上げると[3]，単純に1つの軸のまわりで回転しているのではないことがわかります．その主軸のまわりに回ることと，ほかのへんな軸のまわりの回転とがいっしょになってちょうどうまく平衡がとれて結果として角運動量が一定になっているということがおきているのです．それがふ

らふらした動きをさせているのです．そして地球もまたふらふらしているのです．

4-11 地球の章動

　地球の歳差運動の周期 26,000 年から最大の慣性モーメント（極を通る軸のまわり）と最小の慣性モーメント（赤道を通る軸のまわり）は 306 分の 1 しか違わないことがわかります．すなわち地球はほぼ球形だということです．しかし 2 つの慣性モーメントが違うことは違うので，地球に何らかの乱れがあると，ほかの軸のまわりの小さな回転をひき起こすことがありえます．同じことを別の言い方で言えば地球は歳差運動をすると同時に章動もするということです．

　地球の章動の周期は計算することができて，306 日という結果が得られています．一方，地球の章動は正確に測定することができて，極は地球の表面で測って 15 メートルほど揺れうごいています．いったりきたりやや不規則に動き回るのですが，主たる成分は 306 日ではなくて，439 日の周期をもっています．不思議です．でも，この謎は簡単にとけました．解析では地球を剛体であるとして扱ったからです．地球は剛体ではありません．中に液状のねばねばしたものがあります．したがって，言えることは，まず周期は剛体の場合とは違うということ，つぎに動きは減衰するから最終的には止まってしまう性質のものである——動きが非常に小さいのはそのためである，ということです．そもそも減衰があるのに章動があるのは，風が突然吹いたり，海流の動きがあったりというような不規則なさまざまなことに地球は影響されるからです．

---

3) この，くるくる回転しながらふらふらする円盤の話は，ファインマン博士には特別な意味があります．『ご冗談でしょう，ファインマンさん』（大貫昌子訳，岩波現代文庫）の"お偉いプロフェッサー"の部分でかれはこう書いています．「後でノーベル賞をもらうもとになったダイアグラム（ファインマン・ダイアグラム）も何もかも，僕がぐらぐらする皿を見て遊び半分にやりはじめた計算がそもそもの発端だったのである．」

4-12　天文学における角運動量

　ケプラーによって発見された太陽系のもっとも衝撃的な性質の1つは，すべて楕円軌道を回るということです．これは最終的には重力の法則によって説明がつけられましたが，太陽系についてはこのほかにもさまざまなことがあって——何か奇妙な単純さをもったもので——説明をつけるのが容易ではないものがたくさんあります．たとえば，惑星は太陽のまわりを，ほぼ同じ平面内を回っているように見える．また，1,2個の例外をのぞいてほかのすべては地球と同じように西から東へ——軸のまわりを回っている．そしてまた，惑星の月はほとんどみな同じ方向に動いていて，わずかな例外をのぞけばみな同じように回っている．太陽系はどうしてそういうふうになったのか，というのは興味深い質問です．

　太陽系の起源を学ぶにあたってのもっとも重要な考え方の1つは角運動量の考え方です．いま，莫大な量の塵や気体が重力によって中心に向かって引きつけられているとすると，それら自身は内部的にわずかな動きしかしていないかもしれないが，角運動量は保存されなければならない．こうして，スケート選手でいえば"腕"にあたる部分が中心のほうに入ってきて慣性モーメントが減少するから角速度は増加しなければならないわけです．惑星は，太陽系がさらに縮小しようとするために角運動量をときどき廃棄しなければならないという必要性から生れたものに過ぎないという可能性もある——けれどもほんとうのところはわかりません．しかし，太陽系の角運動量の95%が太陽ではなく惑星にあるというのは事実です．（太陽はたしかに回転していますが，全体の角運動量の5%しか持っていないのです.）この問題はたびたび論じられていますが，気体がどう収縮するのか，たまった塵がゆっくり回っているときにどうやって落ちてひとかたまりになるのかは，実はまだわかっていません．大半の場合，角運動量についてははじめのところで申しわけ程度にふれるだけで，解析をする段になるとみんな無視してしまうのです．

　天文学におけるもう1つの深刻な問題は，銀河——すなわち星雲——の発達についてのものです．何が星雲の形を決めているのか？　図4-31に星雲の

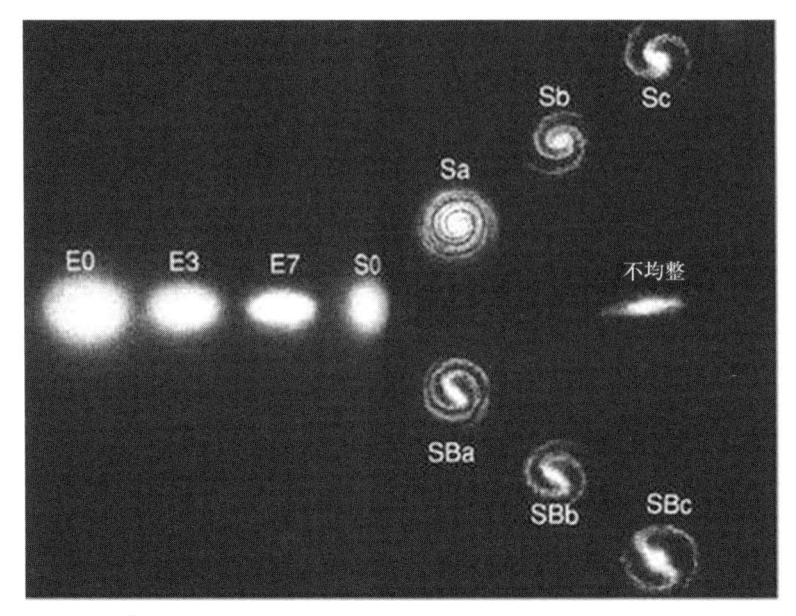

図 4-31　星雲のさまざまな型：渦巻き，腕付き渦巻き，楕円．

　いくつかの形を示しました．有名な通常の渦巻き星雲(われわれの銀河系とほとんどおなじ)，腕付き渦巻き星雲(ながい腕が中心部にある棒からでている)，それから楕円星雲(これは腕さえももっていない)などです．そこで質問は，どうやって別々の形になったのか，ということです．

　もちろん，違った星雲の質量はそれぞれ違うということかもしれない．違った量の質量からはじまると，違った結果になるのだろうか．それは起こりうるかもしれないが，しかし，星雲が渦を巻いているという性質は，角運動量となんらかの関係があることになるから，それぞれの星雲の違いは最初の気体や塵(そのほか君たちが考えつく何でもいいのだけれど)のかたまりの角運動量の違いによって説明できると考えるほうがよりもっともらしい．もう1つの可能性は，これは何人かのひとが提案したものだけれども，違った星雲は発達の段階の違いを表わしているというものです．ということは，星雲はみな年齢が違うということを意味する．これはもちろん，宇宙についてのわれわれの理論に劇的な暗示を与えることになります．すべてのものは，あるとき一斉に爆発して，その後気体は凝縮して，宇宙の塵からさまざまな形

の星雲を永遠につくりつづけてきたのか？　その場合，星雲は違った年齢になるのか？

　こうした星雲の生成を真に理解するのは力学の問題です．1つは角運動量にかかわるもの，そしてもう1つはまだ解けていないものです．物理学者は恥ずかしいと思わなければなりません．膨大な量のがらくたを回しながら重力で引っぱり合わせたらどうなるか，どうしてわからないんだ？　星雲の形がどうしてそうなっているのかわからないのか，と天文学者は物理学者にたずね続けています．でも誰も答えられないんです．

4-13　量子力学における角運動量

　量子力学では基本的法則 $\boldsymbol{F} = m\boldsymbol{a}$ は成り立ちません．しかし，一部のものはまだ使えます．エネルギー保存の法則は使えます．運動量保存の法則も使えます．そして角運動量保存の法則もまた使えます——これはすばらしく美しいかたちで，量子力学の奥深いところに残っています．角運動量は量子力学における解析の中心をなす部分です．たとえば，原子の中の現象を理解するためには角運動量の理解は不可欠ですが，それだからこそ，力学でここまで深く扱うことにしたのです．

　古典的な力学と量子力学との興味深い違いの1つはこういうことです．古典力学においては，物体はさまざまな速度で回転することによって，任意の角運動量をもつことができます．ところが，量子力学においては，ある与えられた軸についての角運動量は任意ではないのです．プランクの定数を 2π で割ったもの（$h/2\pi$ すなわち $\hbar$）の整数倍か半整数倍の値しかもてないのです．そして1つの値から次の値へは増分として $\hbar$ だけ飛び移るしかないのです．これは角運動量について量子力学がもつ奥深い原理の1つです．

　最後に，興味深い話をもう1つ．われわれは電子を，これ以上できないくらいに単純化された，基本的粒子の1つと思っています．それにもかかわらず，電子は固有の角運動量をもっているのです．われわれは電子を単なる点電荷としてはとらえないで，角運動量をもった実際の物質の極限としての点電荷といった形で考えるのです．これは古典力学でいえば，軸を中心にして回転している物体のようなものですが，しかしまったくそのとおりというわ

けでもないのです．電子はもっとも単純なジャイロのようなものです．非常に小さな慣性モーメントをもっていて，主軸を中心にものすごく速く回転しているというような感じです．そして面白いことにわれわれが古典力学で第一近似としていつもやる，歳差運動軸のまわりの慣性モーメントを無視するということ——これが電子の場合にはどうもまったく正しいらしいのです！ いいかえれば，電子は無限に小さな慣性モーメントをもっている一方，無限に大きな角速度で回転していて，その結果有限な角運動量をもっているジャイロスコープのようなものらしいのです．これは極端なたとえで，実際にはジャイロとまったく同じというわけではありません——もっと単純なものです．それでもやはり，不思議なものです．

　図4-13に示したジャイロの内部をここに置いておくので，見たいひとはどうぞ．これで今日の講義を終わります．

4-14　講義のあとで

ファインマン　虫眼鏡でよーく注意してみると，缶の中に電気を送っているほっそーい半円形の電線がみえて，それが外側のこの小さなピンにつながっているのがわかるだろう．

学生　これをつくるのにいくらぐらいかかるんですか？

ファインマン　神のみぞ知るというところかな．精密な仕事がたくさんふくまれているんだ．作るためだけならそれほどでもないけど，調整をしたり，測定をしたりということがあるからね．ここにごく小さい穴があるだろう．それからだれかが曲げたようにみえる金のピンが4本．これは缶の平衡がちょうど保てるように曲げたものなんだよ．それでも，もし油の密度が変わったら缶は浮かばない．油の中に沈んでしまうか，浮き上がってしまうかして，結果として支点に力がかかることになる．そこで，缶がちょうど浮いているように油の密度を保つために，油の温度を加熱コイルを使って何千分の一度という精度で正しく保つようにしているんだ．それから，宝石付きの支点があるだろう．宝石の中に入っている先端．ちょうど時計の中のようになっている．というわけで，すごくお金がかかっているにちがいない——僕にもどれだけ高価なものかわかりません．

学生 弾力のある棒の先に錘をつけたジャイロスコープのようなものの研究がされているというような話はなかったですかね？

ファインマン ある，ある．かれらはさまざまなほかの方法やらで設計しようとしているんだ．

学生 そうやると軸受けの問題が少なくなるんじゃないですか？

ファインマン かたほうが楽になると，ほかのほうがたいへんになるというようなことがあってね．

学生 それはいま使われていますか？

ファインマン 僕の知る限りでは使われていません．これまでに実際に使われてきたジャイロは講義で話したものだけだし，まだ，ほかのものはどれもこういうのに対抗できるところまでいっていないと思う．でもいいところまでいっている．これは先端技術の話で，新しいジャイロ，新しい装置，新しい方法でまだ設計が続けられているんだ．そのうちどれかが，問題を解決してくれるかもしれない．たとえば，支点の軸受けの精度をやたらと高くしなきゃあというような正気のさたではない問題なんかをね．君たちが少しジャイロと取り組んでみると支点での摩擦が意外にも小さくないということがすぐにわかる．そのわけは，軸受けの抵抗を少なくしすぎると，軸がぶれ動くことになって，前にいった数ミクロンの 1000 分の 1 の心配をしなければならなくなるからだ——これはとんでもない．何かもっとうまい方法があるはずです．

学生 わたしは以前工作場で働いていました．

ファインマン それなら，数ミクロンの 1000 分の 1 がどういうことかわかるだろう．そりゃあ不可能だ！

ほかの学生 酸化鉄系のセラミックス磁性材料はどうですか？

ファインマン 磁場の中に超伝導体を浮かべておこうというやつね？　はっきりしていることは，もし球の上に指紋があれば，指紋の物質の影響で変えられた磁場によって生まれた電流がわずかな損失を生み出す．こういうようなことを何とかしようとしているようだけれども，まだうまくいっていない．

　ほかにも賢いアイディアがたくさんあるんだけれども，そういったもののうちから技術的に最終的にできあがったものを詳細に紹介しておきたいと思

ったんだ．

学生 （図 4-13 の模型について）これについてるバネはすごく細いですね．

ファインマン そう，ただ細いというだけじゃなくて，そのつくり方がみごとなんだ．材料もバネの鋼材も含めていいものを使っているし，すべて申し分なく作られているんだ．

でも，この種のジャイロもほんとうは実際的なものではない．必要な精度を出すのはとても難しいからね．これは塵がまったくない部屋で作らなければならない．ひと粒の塵でも中に入ったら摩擦がわるさをするので，作業するひとは特別な服や，長靴，手袋，マスクを身につけるのです．すべての点でたいへんな注意がいるんで，うまくできた製品の数より，捨ててしまう製品のほうが多いにちがいないと思う．君たちが小さなものをちょこちょこと組み立てるのとはわけがちがう．ものすごく難しい．この精度は現在の技術力の最先端にあるのです．だから面白いんです．君たちが何か発明するか，設計に組み入れるかして改良できれば，もちろん大きな貢献になります．

大きな問題の1つは，缶の軸が中心からずれて，それで車輪が回るということです．そうなると，間違った軸のまわりのねじりを測ることになって，おかしな答えが得られます．しかし，僕に言わせれば自明のことで（ほぼ自明と言うべきかな—間違ってるかもしれない）本質的な話ではないのです．というのは，回っているものを支えているものが何かあるはずで，その支持しているものは，重心に追従しているはずです．また，それと同時にねじれを確かめることもできます．というのは，重心が，ずれているということとねじれとは別の話だからです．

われわれとしては，重心のまわりのねじれを直接測ることができる仕掛けがほしいわけです．だから，もし重心のまわりのねじれを確実に測ることができるようなものを考え出せれば，重心自体がふらついても関係ないことになります．支持台自体が測ろうとしているものと常に同じような運動をして，ふらつくとなると，手のうちようがないのですが，この中心からずれた車輪は測定しようとしているものとまったく同じということではないので，何か手があるはずです．

学生 一般的に，器械/アナログ型積分器は電気/ディジタル型に変わろうと

しているんでしょうか？

ファインマン まあ，そうです．

積分器の大半は電気的なものだけれども，2つの型があります．1つは，"アナログ"と呼ばれているもので，物理的な方法を使います．これは測定の結果そのものが何かの積分になっているというものです．たとえば，ここに抵抗器があるとして，何か電圧を発生させると，その抵抗器をとおして電流が流れるけれど，その量は電圧に比例する．だけど，電流ではなくて，全電荷を測ればそれは電流を積分したものになります．われわれが角度を測ることによって加速度を積分したときは，あれは機械的な積分の例です．この種の積分にはさまざまな方法があるけど，機械的でも電気的でも違いはありません——もっとも，一般的には電気的だけれど——それでもやはりアナログです．

そこで，もう1つの方法があります．それは信号をとりだしてから，それをたとえば振動数に変換して，たくさんのパルスを発生させる．信号が強ければそれだけ多くのパルスを発生する．そしてそのパルスの数を数える，というわけです．わかるでしょう？

学生 そのパルスの数を積分する？

ファインマン ただ数をかぞえるだけ．ちっちゃな万歩計のようなものでパルスごとに1回押したりしてかぞえることができます．同じことを，真空管をつけたり，消したりしながら電気的にやることもできます．もし，そこからさらにまた積分をしたいというのであれば，まえに，黒板に書いて数値積分を説明したときのようにやれば数値的にうまくやれるはずです．実質的には足し算器であるようなものをつくることもできます——積分器ではなくて，足し算器です——この足し算器で数を加え合わせればいいわけです．正しく考えられていれば結果に誤差はほとんど含まれません．というわけで，摩擦やら何やらという測定器による誤差はまだ残るのですが，積分装置による誤差はゼロにすることができます．

実際のロケットや潜水艦ではディジタル積分器はあまり使いません——いまのところ．しかし，とり入れようとしているところです．そうすれば，積分器の不確かさからくる誤差をなくすことができるかもしれない——実際の

ところ信号をいわゆるディジタル情報，すなわちかぞえることのできるドット（点）のかたちの情報にしさえすればこの誤差はなくすことができるのです．

学生 そうするとディジタル計算機だけになる？

ファインマン そうすると，何か小さなディジタル計算機を持っていて2回積分計算をすることになるけど，長い目で見るとそのほうがアナログでやるよりもいいわけです．

　現在のところ，計算の大半はアナログですが，ディジタルに変わる可能性はたいへん大きい——たぶん1，2年のうちにそうなるでしょう——ともかく誤差が含まれないんですから．

学生 100メガサイクルの論理回路を使えるんですか！

ファインマン 本質的なのは速さではない，簡単にいえば設計の問題です．アナログ型積分器は，もはや十分な精度を持っていないということです．だからディジタルに変えるのがいちばん容易な道ということです．それが次の段階のものになっていくと僕は思う．

　しかしほんとうの問題は，ジャイロそれ自身の問題です．ジャイロはもっともっと改良されなければならないのです．

学生 応用についての講義をどうもありがとうございました．この学期の終わりごろとかにもっとやるようなことを考えておられますか？

ファインマン 応用のようなことが好きなのかね？

学生 わたしは工学の分野に進もうと思っています．

ファインマン わかった．うん，もちろん，これが機械工学の中でもっとも美しいものの1つなんだよ．

　（講義の4-13のスライドを見せようとして）

　どれ，スイッチ入っているかね？

学生 いや，コンセントが入っていないみたいです．

ファインマン やあー，それは失礼．これでいい．スイッチを入れてごらん．

学生 スイッチを入れてもオフって出ます．

ファインマン なんだって？　どうしたんだろう．もういいや，失礼しました．

別の学生 コリオリの力がジャイロスコープにどう働くのか，もう一度説明

してもらえないでしょうか？
ファインマン いいですよ．
学生 メリーゴーランドでどうなっているかについてはもうわかっています．
ファインマン よしわかった．ここに軸棒を中心として回転している車輪がある——ちょうどぐるぐる回っているメリーゴーランドのようにね．そこで僕が示したいのは，その軸棒自体を回すためには歳差運動に逆らわなければならない……あるいは，軸棒を支えている支え棒に引っ張り力が働くということです，わかるかね？
学生 わかります．
ファインマン じゃあ，まずジャイロ車輪の上の物質の粒が，軸棒を回したときに実際にどのように動くかを観察することを試みてみよう．

もし，車輪が回転していなければ，答えはその粒は円運動をするということです．そして遠心力が働くけれどもそれは車輪のスポークにかかる引っ張り力によって平衡が保たれている．しかし車輪は非常に速く回転しているので，軸棒を回すと粒は動く，そのとき車輪も回転している．わかるかね？はじめ粒はここにあるが，いまはここ．ここまで動かしたんだけど，ジャイロも回った．ということで，粒はある曲線上をまわる．そこで，ある曲線を回るとなると，引っ張らなければならない——もし曲線上を動くとなると遠心力が働くからです．この力はスポークによって平衡はとれない．スポークは半径方向を向いているので，何か横向きの力によって平衡をとる必要があるわけです．
学生 なるほど，そうだ！
ファインマン というわけで，この軸棒が回転しているあいだ軸棒を保持するためには横に押す力を加えなければなりません．わかるかね？
学生 ああ，なるほど．
ファインマン もう1つだけ言っておきたいことがある．君たちは，"横向きの力があるのなら，なんでジャイロ全体が動かないの？"ときくかもしれない．そしてその答えはもちろん，車輪の反対側は逆方向に動いている．そしてもし，君たちが車輪が回っているときにその反対側の粒について同じことをすると，そこには反対方向の力が働く．結局ジャイロスコープに働く正

味の力はないということになる．

学生 少しわかってきました．でも，車輪の回転で何が変わるのか，まだよくわかりません．

ファインマン うーん，あのね，いろんなところにみんな影響するんだ．それで，速く回れば回るほど，影響も大きい——そのわけを知るにはちょっと手間がかかるんだけど．ともかく，速く回れば粒子が描く曲線のまがりはゆるやかになる．一方，それ自体はより速く動いている．お互いにどうけん制しあっているかの問題なんだよ．どっちにしても，速く回っていれば力は大きい——実際のところ速さに比例するんです．

別の学生 ファインマン先生……．

ファインマン はい，なんでございましょう．

学生 先生は7桁の掛け算を暗算でやることができるってほんとうですか？

ファインマン いや，それはほんとうではないです．2桁の掛け算を暗算でやれるという話であったとしてもほんとうではありません．1桁だけできます．

学生 ワシントン州にあるセントラル・カレッジ(Central College)の哲学の先生で誰か知っている人がいませんか？

ファインマン どうして？

学生 そこに，僕の友だちがいます．しばらく会っていなかったんですが，クリスマス休暇のときにかれが僕に何をしているかたずねたので，カルテクに行っていると答えたら，"ファインマンていう名前の先生を知っているかい？"って聞くんです．——かれの哲学の先生がカルテクにはファインマンという名前の7桁の掛け算を暗算でやれる男がいるって言っていたというんです．

ファインマン ほんとうじゃないよ．でもほかにやれることがありますよ．

学生 実験装置の写真をとってもいいですか？

ファインマン もちろん！ 近くからがいいか，どう撮りたい？

学生 これで十分です．ところでもう1枚思い出に．先生を忘れないように．

ファインマン 僕も君を忘れないようにしよう．

5

演習問題

　以下の演習問題[1]は『初等物理問題集』の分類にあわせてある．括弧内に『ファインマン物理学』のどこに対応するかが示してある．たとえば，5-1節の題目「エネルギーの保存，静力学(第I巻，第4章)」の部分は『ファインマン物理学』の第I巻第4章で論じたものである．

　各節の中で問題は難易度に応じて分類されている．各節での順序はやさしい問題(*)，中程度の問題(**)，そしてより高度な洗練された問題(***)となっている．平均的な学生はほとんど問題なくやさしい問題を解くことができるはずであるし，中程度の問題についても大半は，それなりの時間——おそらく10分から20分程度——で解けるはずである．高度な問題は一般に物理的により深い洞察あるいは幅広い思考を必要とするもので，優秀な学生にとって興味深い問題である．

5-1　エネルギーの保存，静力学(第I巻，第4章)

*1-1　半径 3.0 cm 重さ 1.00 kg の球が水平面と角度 α をなす面(P)と垂直な面(W)との間に置かれている．双方の面とも摩擦は無視できるほど小さい．球がそれぞれの面を押している力を求めよ．

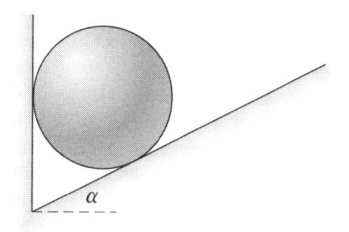

---

1) Exercises in Introductory Physics, by Robert B. Leighton and Rochus E. Vogt, 1969, Addison-Wesley, Library of Congress Catalog Card No. 73-82143 より．ここでは『初等物理問題集』とする．ここに収録した経緯などは，巻頭のマイケル・ゴットリーブの序文を参照のこと．

1-2 図に示したシステムは静的な平衡状態にある．仮想仕事の原理を使って錘 A と B の重さを求めよ．紐の重さおよび滑車の摩擦は無視する．

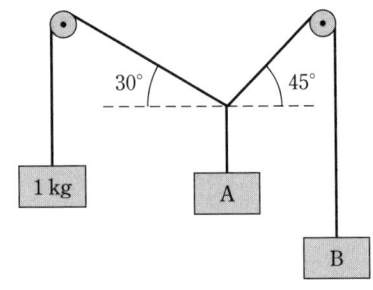

1-3 重さ W，半径 R の車輪が高さ h の段を乗り越えるにはどれだけの水平力(車輪の軸にかけた)が必要か．

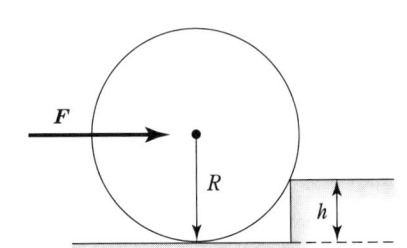

**1-4 図に示すよう高さ H，角度 45°の斜面を滑る質量 M_1 の物体がある．それはやわらかくて質量のない紐で小さな滑車(その質量は無視する)ごしに，垂直に吊るされている同じ質量の物体 M_2 につながれている．紐の長さは両方の物体の高さがともに $H/2$ であるところに保持できるようなものである．高さ H にくらべて物体および滑車の大きさは無視できる．時刻 $t=0$ で2つの物体は放された．

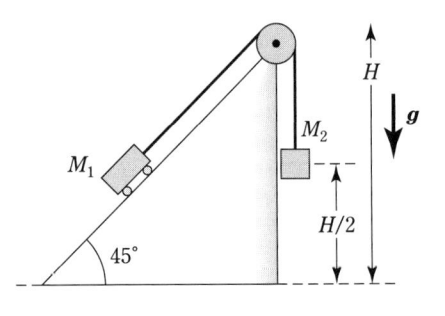

(a) $t>0$ における，M_2 の垂直方向の加速度を求めよ．

(b) どちらの物体が下向きに動くか？ その物体が地面に到達する時刻 t_1 はいつか．

(c) 問題(b)で物体が地面について停止したとき，ほかの物体が動き続けるとしたらその物体は滑車に衝突するか．

5.1 エネルギーの保存，静力学

1-5 重さ W，長さ $\sqrt{3}R$ の板が半径 R の円形のなめらかな樋の中にある．板の一方の端には重さ $W/2$ の物体がある．これが平衡状態にあるときに板が横たわっている角度 θ はどれだけか．

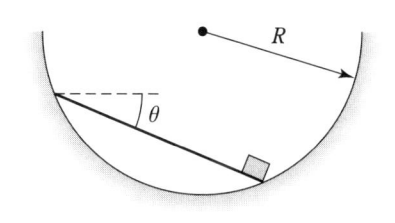

1-6 世界博覧会の中庭の飾りとして，4個の，重量が $2\sqrt{6}$ トン重の摩擦のない同一の球を使うことになった．球は図に示すように3個が水平面上に互いに接しあうように並べられ，4個目がその上に自由に置かれるということになった．下の3個は離れないようにお互いの接点で点溶接されることになった．安全率を3倍とるとして，点溶接はどれだけの引っ張り力に耐えなければならないか．

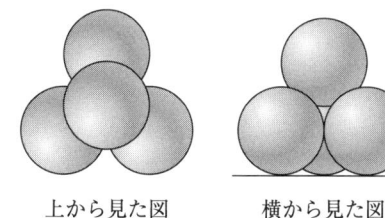

上から見た図　　横から見た図

1-7 質量 $M=3\,\mathrm{kg}$ の糸巻きの中心の円筒部が半径 $5\,\mathrm{cm}$ で，両端の円盤部が半径 $6\,\mathrm{cm}$ である．糸巻きは斜面の上におかれていて転がることはあるが滑りはない．糸巻きのまわりに巻かれた糸からは質量 $4.5\,\mathrm{kg}$ の錘が吊り下げられている．この全体は静的に平衡状態にある．このとき斜面の傾斜角 θ はどれだけか．

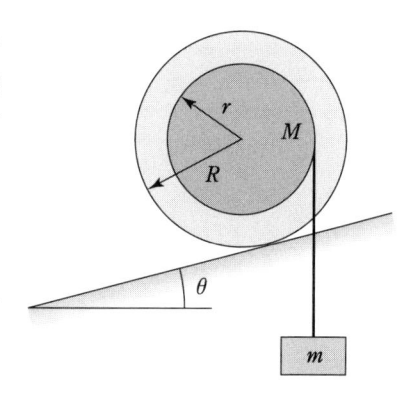

1-8 斜面の上に車がのっていて，錘 w でつりあっている．すべての部分の摩擦は無視してよい．車の重さ W を求めよ．（[訳注] I 巻巻末演習の 4-5 と同じ問題）*⁾

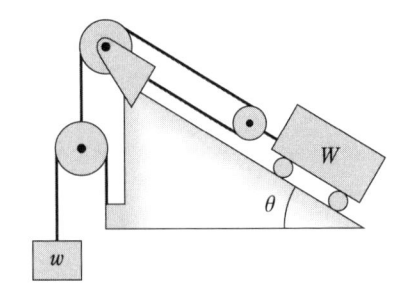

1-9 断面積 A のタンクに密度 ρ の液体が入っている．上面から距離 H だけ下のところに面積 a の小さい孔があって，液体はそこから自由に流れ出る．液体に内部摩擦（粘性）がないとすれば，液体が流れ出る速さはいくらか．（[訳注] I 巻巻末演習の 4-12 と同じ問題）

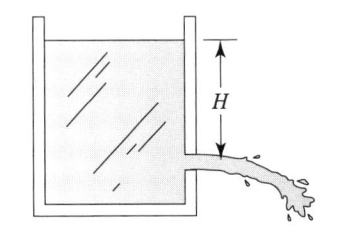

5-2 ケプラーの法則と重力 (第 I 巻，第 7 章)

*2-1 地球の軌道の離心率は 0.0167 である．軌道上における最大速さの最低速さに対する比を求めよ．

**2-2 実際の "シンコム(SYNCOM)"（ジャイロ同期）衛星は地球と同期して回る．この衛星は，常に地球の表面上のある点 P と一定の関係のある位置にとどまる．

（a） 地球の中心と衛星とを結ぶ直線を考える．いま，P がこの直線と地球の表面との交点にあるとすると，P はどのような緯度にあるか，あるいはそれに対してどのような制約があるか？ 説明せよ．

（b） 質量 m のシンコム衛星の地球の中心からの距離 r_s はどれだけか？ r_s を地球と月の間の距離 r_{em} を単位として表現せよ．

（注：地球は均一な球体であるとする．月の周期は $T_m = 27$ 日とする．）

---

*） 以下，[訳注]として，日本語版の第 I 巻所収の問題との対応を示した．

5-3　運　動(第I巻, 第8章)

*3-1　科学測定用器具を搭載した宇宙線測定用の気球が毎分1000フィートの速さで上昇し，高度30000フィートで気球が破裂して器具は自由落下したとする．（こうした悲劇は実際に起こるものだ！）

（a）　測定用器具が地表を離れていた時間はどれだけか．

（b）　地表面衝突時の測定用器具の速さは？

空気の抵抗は無視する．

*3-2　$20\ \text{cm s}^{-2}$ で加速することができ，$100\ \text{cm s}^{-2}$ で減速することができる列車を考える．2 km はなれた駅の間を走る最短時間を求めよ．

*3-3　抗力のある実際の空気の中で小さな球を真上に投げ上げると，上がるときと下がるときとでどちらが長い時間がかかるか．

**3-4　講義の中で小さな鋼球が鋼板の表面ではね返る実演を行なった．毎回のバウンドで鋼板表面に落下する球の速さは，はね返ることによって係数 e だけ減少する，すなわち，次のような関係がある．

$$v_{\text{上向き}} = e \cdot v_{\text{下向き}}$$

もし，球が時刻 $t=0$ に板の上方 50 cm の高さから落とされたとして，30秒後にマイクロフォンの音が止んでバウンドが終わったことがわかったとすると，e の値はどれだけか．

**3-5　車を運転していた人が，前を走っているトラックの2本の後輪の間に小石がはさまっていることに気がついた．かれは安全運転を心がけていた（物理学者でもあった）ので，ただちにトラックとの車間距離を 22.5 メートルに増して，トラックから小石が飛ばされても当たらないようにした．トラックはどれだけの速さで走っていたか．（小石は，地表面ではね返らないものとする．）

***3-6** カルテクのある新入生が，郊外交通巡査のことをまだあまりよく知らないで，スピード違反でつかまった．その後，ハイウェイの平らなところにある"スピードメーター試験区"に来たとき，スピードメーターの読みを調べようと考えた．試験区の出発点の"0"を通るとき，アクセルを踏みこみ，試験中，車に一定の加速度を与えた．かれの車は，出発後 16 秒で 0.10 マイルの印を通った．それから 8.0 秒後，0.20 マイルの印を通った．
（a） 0.20 マイルの印のところでは，スピードメーターの読みはいくらのはずか．
（b） 加速度はいくらか．
（[訳注] I 巻巻末演習の 8-6 と同じ問題）

***3-7** エドワーズ空軍基地の長い水平試験路では，ロケットもジェットモーターも試験することができる．ある日の試験で，ロケットモーターがはじめ静止から一定の加速度で加速され，燃料がなくなってからは，一定の速さで走っていった．ロケットの燃料がなくなったのは，この試験路のまんなかであった．試験路の長さはわかっている．そこでこんどはジェットモーターが静止から出発して，試験区の全長を一定の加速度で進んだ．ロケットとジェットモーターとが全長を進んだ時間はきっちり同じであった．ジェットモーターの加速度と，ロケットモーターの加速度との比はいくらだったか．
（[訳注] I 巻巻末演習の 8-8 と同じ問題）

5-4 ニュートンの法則 (第 I 巻，第 9 章)

*4-1 長さ，$L=2\,\mathrm{m}$ の丈夫な紐で結ばれている，質量がそれぞれ $m=1\,\mathrm{kg}$ である 2 つの物体が，重力加速度 g がゼロであるような空間内でそれらに共通な中心，C のまわりの円軌道を一定の速さ $V=5\,\mathrm{m\,s^{-1}}$ でまわっている．紐にかかっている張力をニュートン単位で示せ．

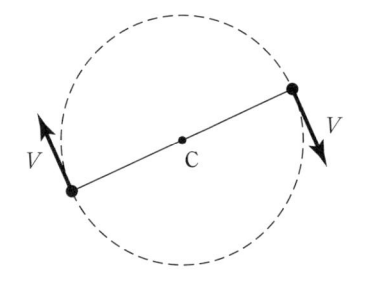

4-2 M_1 と M_2 が M に対して相対的に運動しないようにするためには，M にどれだけの水平力 F を加えなければならないか？ 摩擦は無視する．（[訳注] I 巻巻末演習の 9-13 と同じ問題）

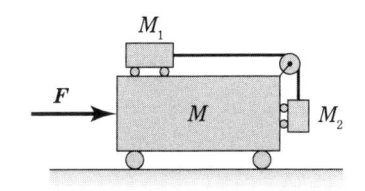

4-3 むかし，重力の加速度を測るのにアトウッドの器械というものがあった．それは図に示したようなものである．滑車 P と紐 C とは，質量も摩擦も無視してよい．等質量 M が両端についてつりあっている．次に小さな駒 m を一方の側にのせる．ある距離 h の間は加速されるが，その後は輪のところでこの駒がとらえられて，それからは両方の M は一定の速さ v で運動をつづける．m, M, h, v の測定値から g の値を求めよ．（[訳注] I 巻巻末演習の 9-8 と同じ問題）

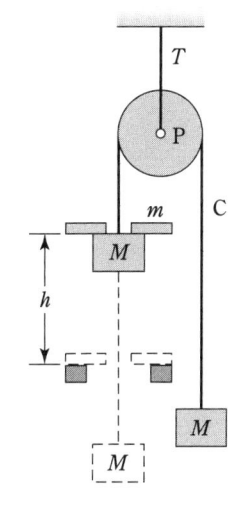

4-4 重さ 180 lb（lb は重さの単位ポンド）のペンキ工が，高い建物の側に下がっている籠に乗ってはたらいている．そして急いで上下したい．紐をゆるめて下がってくるが，それによって椅子にかかる力が 100 lb にしかならない．椅子自身の重さは 30.0 lb である．

(a) ペンキ工，椅子の加速度はいくらか．
(b) 滑車にかかる力は全体でいくらか．

（[訳注] I 巻巻末演習の 9-12 と同じ問題）

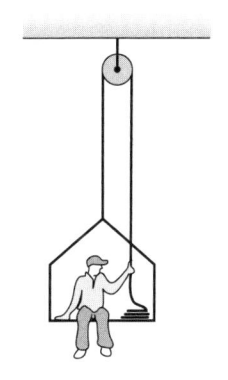

4-5 出発を直前にした宇宙旅行者がバネ秤と質量 1.0 kg の錘 A を持っている．その錘を地球でその秤にかけると 9.8 ニュートンを表示した．月に着いて，重力の加速度は正確にはわからないが，地球表面の約 1/6 の値である地点に到着した．かれは，石 B をひろってバネ秤にかけたが表示は 9.8 ニュートンであった．そこでかれは，A と B を図に示すように滑車にかけてみたところ，B は $1.2\,\mathrm{m\,s^{-2}}$ の加速度で下降することを観測した．B の質量はいくらか．（[訳注] I 巻巻末演習の 9-10 と同じ問題）

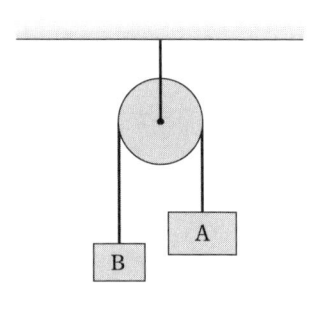

5-5 運動量の保存(第I巻，第10章)

*5-1 滑体が 2 つあって，水平の空気溝を自由に運動できるようになっている．滑体の一方は静止していて，他方がこれに完全弾性衝突した．そして滑体は等速度で反対向きに反発した．2 つの質量の比はいくらか．（[訳注] I 巻巻末演習の 10-1 と同じ問題）

**5-2 質量 10,000 kg，長さ 5 m で，自由に動けるように空気によって支持されている水平の台上の北の端に据えつけられている機関銃が，支持台の南の端に据えつけられた厚い標的に向かって弾丸を発射する．機関銃は質量 100 g の弾丸を毎秒 10 個，銃口速度 $500\,\mathrm{m\,s^{-1}}$ で発射する．

（a） 支持台は動くか．
（b） どの方向へ？
（c） どれだけの速さで？

5-3 時刻 $t=0$ に台の上に置かれていた，単位長さあたりの質量が μ の鎖の一端を一定の速さ v で上に持ち上げた．上に持ち上げる力を時間の関数として求めよ．

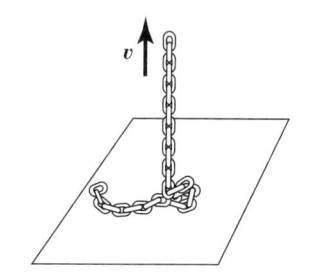

5-4 小銃のタマの速さはバリスティック振子で測ることができる．タマの質量 m はわかっているが，速さ V はわかっていない．質量 M の木片がつってあって，長さ L の振子になっている．タマはこの木片にあたってもぐりこみ，振動がはじまる．振動の振幅 x を測り，エネルギー保存を使えば，衝突直後の木片の速度が求められる．タマの速さを，m, M, L, x で表わす式をつくれ．（[訳注] I巻巻末演習の 10-10 と同じ問題）

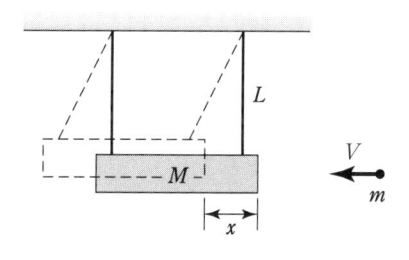

5-5 質量の等しい2つの滑体が，等しい速さで反対向きに，v と $-v$ で水平な空気溝を運動して，ほとんど完全弾性的に衝突し，少し小さい速さになって反発する．運動エネルギーは衝突によって，$f \ll 1$ の割合だけ失われる．もしもこの2つの滑体の一方がはじめは静止しているところで衝突したとすると，もう一方の滑体は衝突後どんな速さで運動するか．（はじめ静止していた滑体の最終の速さ v を測れば，この小さな速度減少 Δv はたやすく求められる．バネバンパーの弾性もこうして求められる．）
（注：もし $x \ll 1$ ならば，$\sqrt{1-x} \approx 1 - \frac{1}{2}x$ である．）
（[訳注] I巻巻末演習の 10-2 と同じ問題）

5-6 質量 10 kg，平均断面積 0.50 m² の人工衛星が，200 km の高さで円軌道を描いて運動している．この高さでは分子の平均自由行程は，数メートルで，空気の密度はおよそ 1.6×10^{-10} kg m^{-3} である．分子が衛星にあたる

のは，非弾性衝突であるとみなしてよいという粗っぽい仮説をしたとき，(分子が衛星に文字どおりくっつくというのでなく，小さな相対速度で衛星から離れる)空気の摩擦によって衛星の受ける減速力を計算せよ．このような摩擦力は，速度によってどのように変わるはずか？ 衛星の速度は，それに働く力の結果として小さくなるか(衛星の円形軌道の速さと，高さとの関係をしらべよ)．([訳注] I 巻巻末演習の 10-3 と同じ問題)

5-6 ベクトル(第 I 巻，第 11 章)

6-1 幅 1.0 mi(マイル)の川の岸にいる男が，対岸の真正面の点に行こうとしている．これには 2 通りの行き方がある．(1)やや上流の方に向かって泳ぎ，合成速度がちょうどまっすぐに川を横切るようにする．(2)対岸を目がけて泳ぎ，少し下流のところに着いたら，そこから目的地へ歩いていく．泳ぐ速さが 2.5 mi/h，歩く速さが 4.0 mi/h，川の流れの速さが 2.0 mi/h であるとすれば，(1)，(2)のどちらがどれだけ速いか？([訳注] I 巻巻末演習の 11-6 と同じ問題)

6-2 あるモーターボートが水に相対的に一定の速さ V でまっすぐな運河を走る．運河の水の流れの速さは一定で R である．モーターボートはまず，出発点からまっすぐ上流へ d の距離にある点へ往復する．次に出発点から流れを横切って直角に d の距離にある点へ往復する．簡単のために，モーターボートは，どの場合も全速力で全距離を走り，往路の終わりでコースを逆にするのにも時間はかからないとする．モーターボートが流れを上下する往復に要する時間を t_V，流れを横切って往復に要する時間を t_A，また静水のところで $2d$ の距離を進むのに要する時間を t_L とすれば，
　(a) 比，t_V/t_A はどれほどか．
　(b) 比，t_A/t_L はどれほどか．
([訳注] I 巻巻末演習の 11-5 と同じ問題)

6-3 摩擦のない支点で支えられた任意の長さの紐によって質量 m の錘が吊り下げられている．錘は支点から H の距離だけ下にある平面内を円を描くように回っている．錘が軌道内を回る周期を求めよ．（[訳注] I 巻巻末演習の 11-8 と同じ問題）

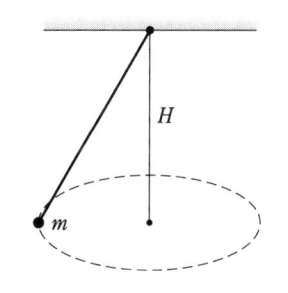

***6-4** 君が船に乗っていて，その船は 15 ノットで東に進んでいるとする．君からみて真南 6.0 mi (マイル) のところに他の船がみえ，それは一定のコースを動いている．その速さは 26 ノットであることがわかっている．その後その船は君の後ろを通ったが，いちばん近かったときの距離は 3.0 mi であった．
 (a) その船の航路の方向は何か．
 (b) その船が君の南に見えた時刻と，いちばん近かった時刻との間の時間はいくらか．
([訳注] I 巻巻末演習の 11-3 と同じ問題)

5-7 3次元空間での非相対論的2体衝突(第 I 巻, 第 10, 11 章)

7-1 質量 M の粒子が運動していて，質量 $m<M$ で静止している粒子に完全弾性的に衝突する．M の粒子の運動の方向は，最大どれだけ変わりうるか．（[訳注] I 巻巻末演習の 11-16 と同じ問題）

7-2 質量 m_1 の物体が実験室系で速さ v で，実験室内に静止していた質量 m_2 の物体に衝突した．衝突後に，重心系でみた運動エネルギー T の $(1-\alpha^2)$ が衝突によって失われたことがわかった．実験室系でみたとき何パーセントのエネルギー損失があったか．

7-3 運動エネルギー 1 MeV の陽子が静止している原子核に弾性的に衝突し 90° 屈折した．もし，いまの陽子のエネルギーが 0.80 MeV であるとしたら，標的となった原子核の質量は陽子の質量の単位でどれほどか．

5-8 力の性質(第I巻, 第12章)

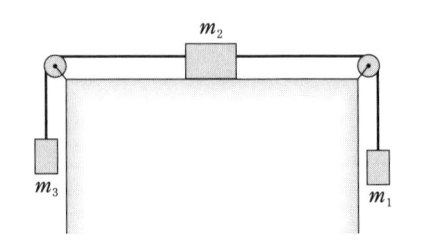

*8-1 2個の質量 $m_1=4$ kg と $m_3=2$ kg とが実質的に摩擦のない滑車を通して重さを無視できる紐で3個めの質量 $m_2=2$ kg に接続されている．質量 m_2 は長いテーブルの上を摩擦係数 $\mu=1/2$ で動く．全体が停止状態から放たれたとき m_1 の加速度はどれほどか？

**8-2 質量5gの銃弾が水平面におかれている3kgの重さの木のかたまりに水平に打ち込まれた．かたまりと水平面との間のすべり摩擦係数は0.2である．銃弾はかたまりの中に捉えられていて，そのかたまりは水平面上を25cm動いた．銃弾の速さはどれだけであったか．

**8-3 警察官が自動車事故現場での調査で測定の結果，車Aが車Bに衝突する前に150フィートの長さの車の滑った跡を残していたことがわかった．また，事故現場の舗装とゴムの間の摩擦係数は0.6より少なくはないこともわかった．車Aが事故の直前に掲示されていた制限速度時速45マイルを超えていたに違いないことを示せ．(時速60マイル＝88フィート/秒，重力の加速度＝32フィート/秒^2 であることに注意．)

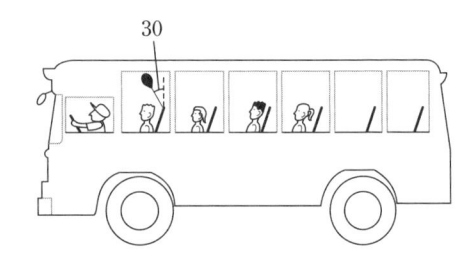

**8-4 空調を働かせたスクールバスが踏み切りに近づいていた．1人の子供が水素で膨らませた風船を座席にくくりつけていたが，風船をくくりつけている紐が垂線の前方へ30°傾いたのが見えた．運転手は加速しているのか，減速しているのか？ どれだけか？ (交通機動隊の警官は運転手の運転技術をほめるだろうか？)

***8-5 重さ W の粒子が粗い斜面の上にのっている．斜面と水平との間の角は α である．

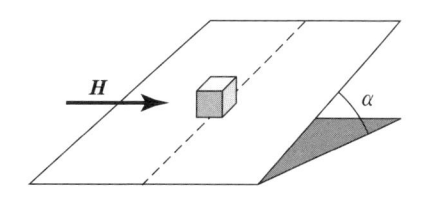

(a) 静止摩擦係数が $\mu = 2\tan\alpha$ であるとき，粒子を横から押してこれを動かすには，最小どれだけの水平力 $H_{\min}$ を要するか．

(b) 粒子が動くのはどちらの方向か．

([訳注] I 巻巻末演習の 12-3 と同じ問題)

5-9 ポテンシャルと場(第 I 巻，第 13, 14 章)

*9-1 質量 m の物体がバネ定数 k のバネと衝突する．物質が最初に停止する位置はどこか．バネの質量は無視する．

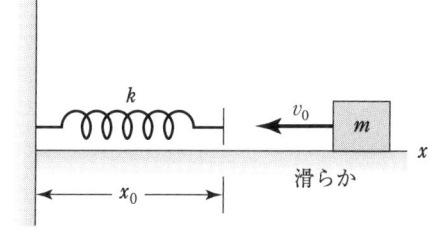

*9-2 中空の球形小惑星が宇宙空間を自由に動いていて，質量 m の小さな粒子がその中にある．中空部分のどの位置で粒子は平衡状態になるか？

*9-3 物体が地球の引力をふりきって飛び出すのに要する速さは，(およそ) $7.0\ \text{mi s}^{-1}$ (mi はマイル) である．宇宙ロケットが，大気のすぐ上で $8.0\ \text{mi s}^{-1}$ の初速が与えられたとすれば，地球から $10^6\ \text{mi}$ の距離では，地球に対する速さはいくらか．([訳注] I 巻巻末演習の 14-20 と同じ問題)

**9-4 摩擦のない小さな車が斜面を転がっていって，下の輪のところで宙返りをする．輪の半径は R である．輪のてっぺんからどれだけの高さ H のところから出発すれば，車は途をはずれないでグルリと宙返りするか．([訳注] I 巻巻末演習の 14-16 と同じ問題)

**9-5 長さ L，重さ $M\ \text{kg m}^{-1}$ の曲がりやすい針金が，質量も半径も摩擦

もゼロの滑車にかかっている．はじめに，針金はちょうどつりあっていた．針金は軽くおされてつりあいをくずし，加速をつづけた．針金の一方のはじが滑車をはずれるときの速さを求めよ．（[訳注] I 巻巻末演習の 14-9 と同じ問題）

**9-6 ある粒子が半径 R の摩擦のない球のてっぺんに静止している．そこから重力をうけて滑りはじめる．出発点からどのくらい下のところに来るまで，球から離れないでいるか．（[訳注] I 巻巻末演習の 14-17 と同じ問題）

**9-7 重さ 1000 kg の自動車が，定格馬力 120 kW のエンジンで動く．60 km h^{-1} のとき，エンジンがこの馬力を出すとすれば，この自動車がこの速さで出しうる最大加速度はいくらか．（[訳注] I 巻巻末演習の 14-8 と同じ問題）

**9-8 砲丸投げ，円盤投げ，槍投げの世界記録(1960 年)はそれぞれ，19.30 m, 59.87 m, 86.09 m である．また，飛ばした物体の質量はそれぞれ 7.25 kg, 2 kg, 0.8 kg である．いずれの軌道も起点で地上高さ 1.80 m，射角 45° であるとして，それぞれの選手が記録を出すためにした仕事の大きさを比較せよ．空気の抵抗は無視する．（[訳注] I 巻巻末演習の 14-11 と同じ問題）

***9-9 質量 M の小惑星のまわりの円軌道を質量 m の人工衛星が回っている($M \gg m$)．あるとき突然に[2]小惑星の質量が半分になったとしたら人工衛星はどうなるか？ その新しい軌道を述べよ．

5-10 単位とディメンション（第 I 巻，第 5 章）

*10-1 太郎と次郎は，ちがう惑星に育った惑星人(物理学者)である．この 2 人が惑星連合度量衡シンポジウムで顔を合わせた．このシンポジウムの目的は，統一単位系を定めることである．次郎は MKSA 系が地球上の文明諸

---

[2] どうしたらそういうことが起こりうるか：小惑星上での核爆発の実験を観測するために小惑星から遠く離れた軌道に人工衛星を配置すると，遠くにある人工衛星に影響を与えることなく，爆発で小惑星の質量の半分を吹き飛ばすことができる．

国で使われていて，いろいろ利点のあることを得意気に報告した．太郎もやはり得意気になって，地球以外のところで使われている M′K′S′A′ 系の美しさについて報告した．この 2 系における基本的な質量，長さ，時間の単位を結ぶ定数が，μ, λ, τ であって

$$m' = \mu m, \qquad l' = \lambda l, \qquad t' = \tau t$$

であるとすれば，2 系間で速度，加速度，力，エネルギーを変換するにはどんな定数になるか．（[訳注] I 巻巻末演習の 9-4 と同じ問題）

10-2 太陽系の模型を作る．太陽や各惑星はそれぞれ実物と平均密度が同じである物質で作る．ただし寸法はすべてスケールファクター k で小さくする．惑星の公転周期は k によってどう変わるか．（[訳注] I 巻巻末演習の 9-7 と同じ問題）

5-11 相対論的エネルギーと運動量(第 I 巻，第 16, 17 章)

*11-1
（a） 粒子の運動量をその運動エネルギー T，および静止エネルギー $m_0 c^2$ で表現せよ．
（b） 運動エネルギーが静止エネルギーに等しい粒子の速さはどれだけか．

11-2 π 中間子 $(m_\pi = 273 m_e)$ が崩壊して，μ 中間子 $(m_\mu = 207 m_e)$ とニュートリノ $(m_\nu = 0)$ とになる．μ 中間子とニュートリノの運動エネルギーと運動量を MeV で求めよ．（[訳注] I 巻巻末演習の 17-3 と同じ問題）

11-3 質量 m で，$v = 4c/5$ の速さで運動している粒子が，静止している同じ粒子に非弾性的に衝突する．
（a） 粒子はいっしょになって，どんな速さになるか．
（b） 質量はいくらになるか．
（[訳注] I 巻巻末演習の 16-4 と同じ問題）

11-4 静止している陽子に光子 (γ) を吸収させることにより，陽子と反陽

子のペアを作り出すことができる．

$$\gamma + P \longrightarrow P + (P + \overline{P})$$

光子は最低どれだけのエネルギー E_γ を持っていなければならないか？（E_γ を陽子の静止エネルギー $m_p c^2$ によって示せ．）

5-12 平面内の回転，質量の中心 (第 I 巻，第 18, 19 章)

12-1 密度が一様の円盤に，図に示すような穴があいている．質量の中心を求めよ．
（[訳注] I 巻巻末演習の 19-12 と同じ問題）

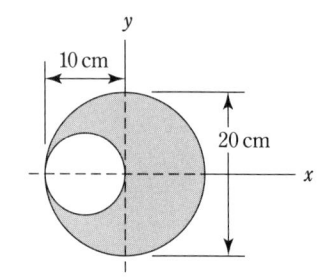

12-2 ここに円柱がある．その密度は図のように象限ごとに違っている．図の数字は，密度の割合を示している．x-y 軸を図のようにとったとき，原点と質量の中心とを通る直線の方程式は何か．（[訳注] I 巻巻末演習の 19-11 と同じ問題）

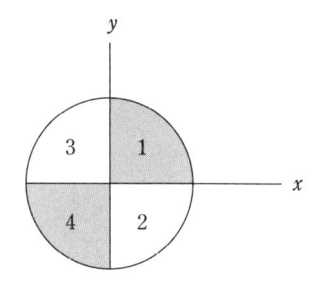

12-3 一様な正方形の板金から，図のように，一辺を底として二等辺三角形を切りとる．そのとき，頂点 P が板金の重心となるようにしたい．切りとるべき三角形の高さはどれほどか．（[訳注] I 巻巻末演習の 19-16 と同じ問題）

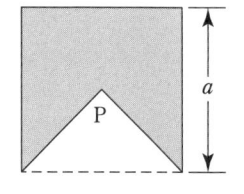

12-4 長さ L の棒があって，その質量は無視してよい．この棒の両端に質量 M_1, M_2 がついている．M_1 と M_2 の大きさは，L に対して無視してよい．この棒をそれに垂直な軸のまわりに回す．この棒のどの点を軸が通るようにすれば，棒を回しはじめて角速度を ω_0 にするのに必要な仕事がいちば

5.13 角運動量，慣性モーメント　159

ん小さくなるか．（[訳注] I 巻巻末演習の 19-6 と同じ問題）

***12-5　長さ L の一様なレンガを滑らかな水平面の上におく．他のレンガを図のようにおいて，側面はひとつづきの平面になっているが，おのおののレンガの端は 1 つ前のレンガの端から L/a の距離だけずれているようにする．a は整数である．レンガをいくつ積んだら，ひっくりかえるか．（[訳注] I 巻巻末演習の 18-13 と同じ問題）

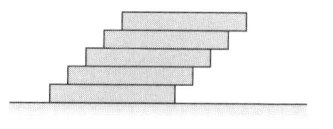

***12-6　図のような回転ガバナーがある．これが 120 rpm になると，ガバナーが直結している機械の動力をきるようになっている．滑車 C の重さは 10.0 lb で上下軸 AB に沿って摩擦なしで滑る．そして AC の距離が 1.41 ft になると動力がきれるようになっている．ガバナー枠の 4 本の棒の長さは 1.00 ft であって，重さは無視してよく，輪のところには摩擦がないとする．このガバナーを設計どおりに働かせるには，質量 M をいくらにしなければならないか？（[訳注] I 巻巻末演習の 18-11 と同じ問題）

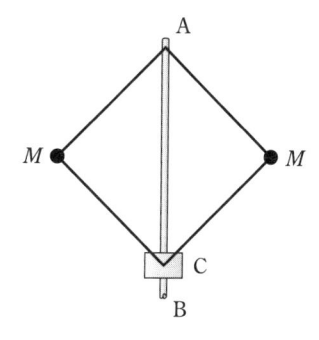

5-13　角運動量，慣性モーメント (第 I 巻，第 18, 19 章)

*13-1　まっすぐな一様な針金がある．長さは L，質量は M である．これを中点で折り曲げて角 θ をなすようにする．点 A をとおり，針金で決定される平面に垂直な軸のまわりの慣性モーメントを求めよ．（[訳注] I 巻巻末演習の 19-3 と同じ問題）

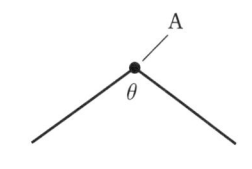

*13-2 図のように質量 M, 半径 r の円柱が摩擦のない軸で支えられている. そのまわりに紐がまいてあり, それに質量 m が下がっている. m の加速度を求めよ. ([訳注] I 巻巻末演習の 18-7 と同じ問題)

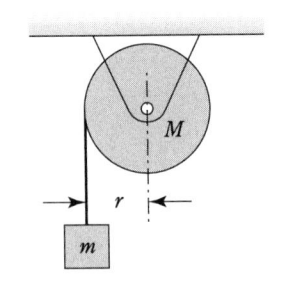

**13-3 質量 M, 長さ L の細い棒が水平に一端は支点に支えられ, もう片方の端は糸で支えられている. 糸が燃やされると, その直後に棒によって支点にかけられる力はどれほどか.

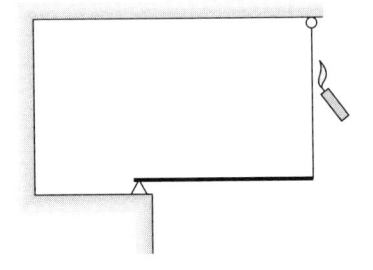

**13-4 対称的な物体が, 静止から出発して, 高さ h の斜面を(滑ることなく)ころがる. 質量の中心のまわりのこの物体の慣性モーメントは I, 質量は M, また斜面に接するところで, ころがり面の半径は r である. 斜面の麓に来たときには, 質量の中心の線速度はいくらか. ([訳注] I 巻巻末演習の 20-11a と同じ問題)

**13-5 水平面に対して角 θ を持った, 無限に長いベルトの上に一様な円筒が置かれている. 円筒の軸は水平で, ベルトの縁に直角である. また, 円筒の表面はベルトの上を滑ることなく転がることができるようなものである. 円筒が放されたときに, 円筒の軸が動き出さないようにするには, ベルトをどう動きはじめさせればよいか.

13-6 半径 r の輪 H が滑ることなく斜面をころがることができる．出発点の高さ h は，斜面の下に来たときに，ちょうど宙返りをすることができる——すなわち，輪が円形軌道の頂点 P で軌道とちょうど接触を保っていられる——ようになっている．h はどれほどか．

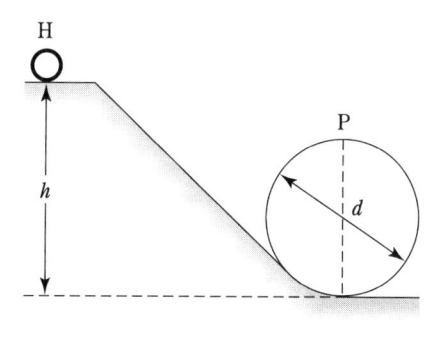

13-7 半径 R，質量 M の一様なボウリングボールを投げる．まずはじめには，摩擦係数 μ の途を，ころがらずに速さ V_0 で滑る．タマが滑らずにころがりはじめるのは，どの距離からか．またそのときの速さはいくらか．
（［訳注］I 巻巻末演習の 19-9 と同じ問題）

13-8 面白い遊びのひとつに平らなテーブルの上でビー玉を指で上から押してビー玉が初期線速さ V_0，後ろ向きの回転速さ ω_0 で飛び出すようにするというのがある．ω_0 は V_0 に直角な水平な軸のまわりの回転速さである．ビー玉とテーブル表面のすべり摩擦係数は一定であり，ビー玉の半径は R であるとする． 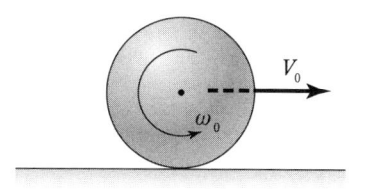
（a） ビー玉が完全に止まるようにするには，V_0, R, ω_0 の間にどのような関係がなければならないか．
（b） ビー玉が滑っていっていったん止まってから，最終的に一定な線速さ $\frac{3}{7}V_0$ で戻り始めるには V_0, R, ω_0 の間にどのような関係がなければならないか．

5-14 3次元空間における回転(第 I 巻，第 20 章)

14-1 すべてのエンジンが進行方向へ向かって右ねじの方向に回転しているジェット機が左に旋回しようとしている．ジャイロスコープ効果によって

飛行機はどういう動きをしようとするか．
(a) 右にころがるような動きをする．
(b) 左にころがるような動きをする．
(c) 右に機首をふる．
(d) 左に機首をふる．
(e) 機首をあげる．
(f) 機首をさげる．

14-2 2個のかたまりが，曲がりやすい紐によってつながれている．ある実験者が一方のかたまりを手に持ってそれを中心にほかのかたまりを平面内に円軌道を描くように回した．それからかれは手に持っていたかたまりを手放した．
(a) もし紐が切れるとしたらそれはかれが手放すまえか，手放したあとか．
(b) 紐が切れないとしたとき，放たれたそれらのかたまりのその後の運動をのべよ．

14-3 半径 R，質量 m の薄い円形の木の輪が水平で摩擦のない面の上に置かれている．質量が同様に m で，水平方向の速度が v である銃弾がその輪にあたって図に示すように，そこにとどまった．質量の中心 CM の速度，CM まわりのシステム全体の角運動量，輪の角速度 ω，およびシステム全体の運動エネルギーを衝突前と後について計算せよ．

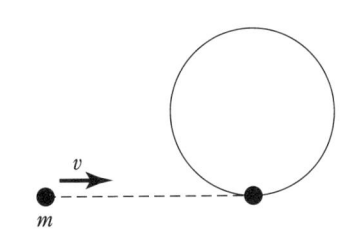

14-4 質量が M で長さが L の細い棒が，水平な摩擦のない表面に静止している．質量が同じく M の小さなパテのかたまりが，速度 v で棒に直角に動いてきて，棒の一端にあたって，非常に短時間の非弾性衝突をしてこれにくっつく．

（a）衝突の前後における全体の系の質量の中心の速度はいくらか．

（b）衝突の直前には，全体の系は質量の中心に対してどれだけの角運動量をもっているか．

（c）衝突の直後，棒の角速度(棒の質量の中心のまわりの)はいくらか．

（d）衝突によって失われた運動エネルギーはいくらか．

（[訳注] I 巻巻末演習の 20-12 と同じ問題）

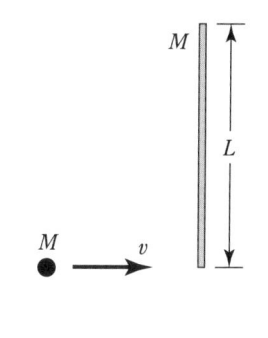

14-5 質量が M で長さ L の細い一様な棒 AB が，一方の端 A にある水平な軸を中心として垂直な面内を自由に回転できるようになっている．棒が静止しているときに質量が同じように M であるパテが水平に速度 V で下端 B に投げつけられて，パテはそこにはりついた．棒が A のまわりを回りきるのに必要なパテの衝突前の最小速度はどれほどか．

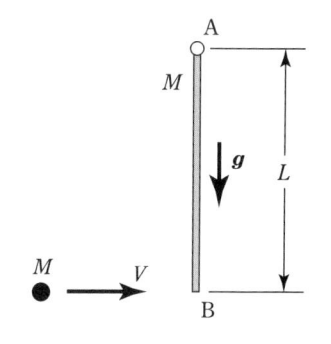

14-6 静止している回転盤 T_1 の上に，角速度 ω で回転しているもう 1 つの回転盤 T_2 がのっている．ある瞬間にクラッチが作動して T_2 の軸の T_1 に対する相対的な回転が止まった．T_1 は自由に回転できる．T_1 だけでは質量は M_1 であり，その中心を通り面に垂直な軸 A_1 のまわりの慣性モーメントは I_1 である．T_2 は質量が M_2 で同様な軸 A_2 のまわりの慣性モーメントは I_2 である．また，A_1 と A_2 との距離は r である．T_2 が停止したあとの T_1 の Ω を求めよ．（Ω は T_1 の角速度である．）

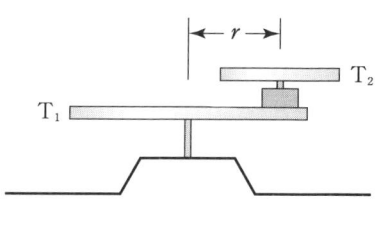

***14-7** 質量が M で，長さが L の鉛直におかれた棒の下端に力積 J が加えられた．J は水平に対して 45°上方を向いており，棒を飛ばした．棒がふたたび垂直に（J が加えられたと同じ端に垂直に）着地するには J はどれだけの値でなければならないか．（J は複数でもよい．）

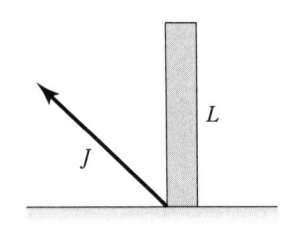

***14-8** 慣性モーメントが I_0 のターンテーブルが，中空の鉛直軸のまわりに自由に回っている．質量 m の車があって，ターンテーブルの直径に沿った途の上を摩擦なしで動く．車には紐がついていて，小さな滑車にかかって，その先は軸の穴から下に下がっている．いちばん初めは，全体の回転の速さは ω_0 で，車は軸から R のところに静止していた．次に紐に力を加えて車をひっぱり，それが半径が r のところへ来たときに，そこに止めた．

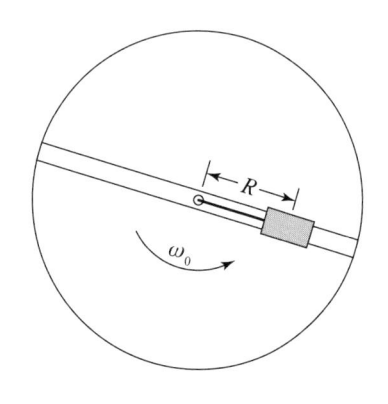

（a）終わりの角速度はいくらか．
（b）この 2 つの状態におけるエネルギーの差が，求心力によってなされた仕事に等しいことをくわしく証明せよ．
（c）紐を放したとしたとき，車が半径 R のところを通りすぎるときの半径方向の速さ dr/dt はいくらか．

（[訳注] I 巻巻末演習の 19-18 と同じ問題）

***14-9** 薄い一様な円板形で質量 10.0 kg，半径 1.00 m のはずみ車がある．その CM（質量の中心）を通り，円板の面に垂直な方向から 1°はずれている軸にとりつけられている．このはずみ車がこの軸のまわりに角速度 25.0 rad/sec^{-1} で回転するとすると，ベアリングのところにはどれだけのトルクを与えなければならないか．（[訳注] I 巻巻末演習の 20-7 と同じ問題）

付録

『ファインマン物理学』は
いかにして生まれたか

マシュー・サンズ

1950年代の教育改革

　1953年わたしがカルテクの教員になったとき，大学院のクラスを教えるようにいわれました．そのとき大学院用のカリキュラムを見てかなりがっかりしました．なんと最初の1年間は力学，電磁気学といった古典物理学しか教えられないのです（そして，電磁気学コースの学生でさえ静電磁場に限られ，放射の理論などはまったくありませんでした）．わたしは，情熱に燃える学生たちが現代物理学の考え（その考えの多くはそのときですら出されてすでに20年から50年以上もたっている）に大学院の2年あるいは3年になるまでふれることができないというのはよくないと思いました．そこで，カリキュラムを改善する運動をおこしました．わたしはリチャード・ファインマンとはロスアラモス研究所にいたころからの知り合いで，二人とも2, 3年前にカルテクにきていた関係もあって，ファインマンにもこの運動に参加するように頼みました．わたしたちはいっしょに新しいカリキュラムの粗すじを作りました．そして最終的には物理教室の教員を説得して採用するようにしました．最初の学年のカリキュラムは電気力学と電子理論（わたしが教えた），量子力学入門（ファインマンが教えた），そしてたしか物理のための数学です．これはロバート・ウォーカーが教えたと思います．この新しいプログラムはなかなかの成功であったと思います．
　ちょうどこの頃MIT（マサチューセッツ工科大学）のジェロルド・ザカリアスは，ソ連の人工衛星スプートニクの出現に刺激されて，アメリカの高校生のための物理教育を再活性化しようという計画を考えていました．そのひとつの現れがPSSC（Physical Science Study Committee）計画であり，また，

ほかにもさまざまな新しい資料やアイディアが生み出されたり，議論を呼んだりしていました．

PSSC 計画がほぼ完成に近づいたとき，ザカリアスとかれの同僚の何人かは(フランシス・フリードマンやフィリップ・モリソンもいたと思うが)大学生の物理教育のほうも改訂に取り組むべきときに来ていると判断したのです．かれらは物理教員の大きな会合を 2 つほど開催しました．これらをもとにして十何人かの大学の物理教員から成る大学物理教育委員会(Commission on College Physics)が設立されました．この委員会は米国科学財団(National Science Foundation)の後援をうけ，全米の大学の物理教育を近代化しようという国家的な熱意によって支えられていました．ザカリアス氏はその最初の会合にわたしを招いてくれ，その後わたしは委員の一人となりました．最終的にわたしはその委員会の委員長となりました．

カルテクのプログラム

こういった活動を通じて，わたしは長い間の懸案であったカルテクの学部生向けのカリキュラムについて何ができるかということを考えはじめました．当時，物理学の入門コースではミリカン，ローラー，ワトソン共著の教科書を使っていました．たしか 1930 年代に書かれ，後にローラーが改訂した素晴らしい本でした．ただ現代物理についての記述はほとんどありませんでした．そのうえ，そのコースには特別講義といったものも含まれていなかったので新しい情報，知識にふれる機会はほとんどなかったのです．一方，このコースの強みはフォスター・ストロングが編纂したけっこう難しい"問題集"[1]を使って，毎週宿題が出され，学生たちは週 2 回の演習時間にそこから出題された問題の解答をめぐって熱心に討論するということでした．

ほかの物理の教員と同様に，わたしも毎年何人かの物理専攻の学生の指導を受け持ちました．そしてかれらと話をしているときに，3 年生になるまでに，それまで 2 年間も物理を勉強してきていながら，いまだに最新の物理学

---

[1] 本書に収めた第 5 章の演習問題には 10 個以上の問題がフォスター・ストロングの問題集から採られている．これらは許可を得てロバート・B. レイトン，ローカス・E. ヴォクト著の『初等物理学演習』に再録されたものである．

の知識にふれることができない，そのことに嫌気がさしているという話をしばしば耳にして，少しがっかりしていたところでした．そこで，全国規模での検討プロジェクトの結論が出るのを待たずに，カルテクで何かをやろうと決心しました．とくに，"現代"物理学の中身――原子，原子核，量子，相対論――の一部を入門コースに採り入れたいと思いました．仲間の何人かの教員――とくにトーマス・ローリッソンとファインマン――と相談したのち，当時の物理学科主任であったロバート・ベイチャーに，入門コースを改訂する計画を始めるべきだと進言しました．最初のうちかれはあまり乗り気ではありませんでした．"わたしはこれまでみんなに，われわれは誇るべき素晴らしいプログラムをもっていると言ってきた．われわれの演習には上級の教員があてられているし，どうして変える必要があるのだ？"というような趣旨でした．何人かの人たちの協力を得て，ねばり強く交渉をつづけました．やがてベイチャーは態度を和らげて，われわれの考えを受け入れ，まもなくフォード財団の助成金を獲得しました(記憶が正しければ，たしか100万ドル余りでした)．この助成金は入門コースのためにそろえる新しい実験器具の購入費や，このプロジェクトのために時間を割かざるをえない教員に替わって授業を補う臨時教員の雇用費などに使われました．

補助金が得られたとき，ベイチャーはこの計画を推進するために小さな対策委員会を設けました．メンバーは，ロバート・レイトンを委員長に，ヴィクター・ネーア，それにわたしです．レイトンはかねて上級クラスのプログラム――そこではかれの著書『現代物理学の原理』[2]が中核をなしていた――に長年かかわっていましたし，ネーアは実験器具の専門家として知られていました．もっとも，ベイチャーがなぜわたしを委員長に指名してくれなかったのかと当時はいささか不満を感じていました．わたしがシンクロトロン実験室の運営ですでにかなり忙しいからということを配慮してくれたのかもしれません．が，ひょっとしたらわたしが"急進的"すぎるという懸念もあって，レイトンの"保守的"な考えと合わせてプロジェクトのバランスを保と

---

2) Principles of Modern Physics, by Robert B. Leighton, 1959, McGraw-Hill, Library of Congress Catalog Card Number 58-8847.

うとしたのではといまでは想像しています．

　委員会は，最初からネーアが新しい実験を考案するのを担当し——かれはじつにたくさんのアイディアを持っていた——，われわれは次の年の講義をどうするかを考えるということで同意していました．念頭においていたのは，新しいコースの中身を充実させるのに最も効果的な方法はそのための特別講義をやるのがよいだろうということでした．レイトンとわたしの仕事はその講義の時間割を作ることでした．かれとは別々に授業計画の概要作りをおこないました．ただし，毎週会って作業の進み具合を確認し，おたがいに共通理解の上に立って進めるように努めたのです．

難関とひらめき

　しかし，共通理解をもつというのはそう簡単ではないことがわかりました．わたしにはレイトンのやり方がこれまで60年間ずっとやってきた物理コースのほとんど焼き直しじゃないかと思うことがしばしばでした．レイトンはというと，わたしができもしないことを無理強いしている——新入生にはわたしが導入しようとしている物理の現代的な内容は時期尚早だ——と思ったのです．ところで幸いにも，わたしはファインマンとはたびたび話をすることがありました．かれはわたしのこだわりを支持してくれていました．ファインマンはその頃すでに感動的な講義をすることでよく知られていました．とくに現代物理の考え方を一般聴衆に説明することがたいへんうまかったのです．わたしはたびたび大学からの帰りにかれの家に立ち寄っては自分の考えについての意見をききました．こうしたらいいかもしれないという助言を何度もくれたりして，かれは好意的でした．

　こうした努力を何ヵ月か続けたにもかかわらず，わたしはかなりがっかりしていました．レイトンとはいつになったら時間割で合意できるやら見当もつかなかったからです．両者のコースについての考え方はまったく違うように思われました．そうしたあるときわたしにアイディアがひらめきました．そうだ，ファインマンにこのコースの講義をやってくれるように頼めないだろうか？　レイトンとわたしの考えの両方を伝えたうえで，どうするかはかれに任せればいい．わたしは早速このアイディアをファインマンに伝えまし

た．"ディック，君は40年間の生涯をいかに物理的世界を理解するかということに捧げてきたけれど，いま，それらをみなまとめて新しい世代の科学者に提供する機会が訪れている．どうかね，来年の新入生の講義をやってもらえないか？" かれはすぐには乗り気にはなりませんでしたが，その後何週間かそれについて話し合いをつづけ，まもなくその意とするところを汲んでくれるようになりました．かれはこうしたらいいかもしれない，ああしたらいいかもしれないなどと言ってくれもしました．また，ここにはこれを入れるといいかもしれないなどです．何週間かのこうした話し合いの後で，かれは"いままでに新入生のコースを受け持った大物理学者はいるのかね？"とわたしに尋ねました．これまでにそんな例はないと思うと答えましたが，かれの答は"よし，やろう"でした．

ファインマンが講義を

次の委員会でわたしは勢い込んで自分の提案を説明しました．しかし，レイトンの反応は冷たく，がっかりきました．"それはどうかな．ファインマンはこれまで学部学生を教えたことがない．かれは新入生への話し方も知らないだろうし，学生がどの程度勉強ができるかも知らないんじゃないか"というのです．しかし，ネーアがそのとき助け船を出してくれました．"それはいい．ディックは物理の知識も豊富だし，そのうえ面白く話せるよね．ホントにかれがやってくれるならそれは素晴らしいことだ"．レイトンは説得されました．いったん納得すると，かれは心の底からこのアイディアを支持してくれました．

それから何日かたって，わたしはまた次のハードルにつき当たりました．わたしはこの考えをベイチャーに提案したのです．かれは評価してくれませんでした．ファインマンは大学院コースにかけがえのない教員なので学部にはまわせないというのです．だれが量子電気力学を教えるのかね，だれが理論系の大学院生を指導するのかね．それに，かれは本当に新入生のレベルにまで身をかがめられるかね？といった調子です．ここにきてわたしは物理学科の管理職の教員に少々根回しをしてベイチャーと話がうまくいくように口添えを頼みました．そして最終的には，大学人好みの論法をつかったので

す．もしファインマン自身が本当にやりたいと言ったら，それでもやるなと言いますか，と．そして，ついに決定はくだされたのです．

　最初の講義まで6ヵ月残すのみという時期になっていたのですが，レイトンとわたしは自分たちがこれまでずっと考えてきたことについてファインマンと話し合いました．かれは自分自身のアイディアを熱心に練りはじめました．少なくとも週1回は帰りにファインマンの家に立ち寄ってかれの考えについて意見をかわしました．ときおりわたしに，こうすれば学生にはとっつきやすいんじゃないか，これをしてからあれという順序でやるのがいいんじゃないか，などと聞いてきました．1つ例をあげてみます．あるとき，ファインマンは波の干渉と屈折の考え方をどう説明するかを考えていましたが，数学的にうまく説明する方法——単純明快かつ効果的なもの——を見つけるのに苦心していました．かれには複素数を使わないで教えるうまい方法がみつからなかったのです．かれは新入生が複素数の数学を理解することができるだろうかとわたしにたずねてきました．

　わたしは，カルテクに入ってくるような学生はそこそこに数学能力もあるということで選抜されてきている連中だから，簡単な手ほどきさえしてやれば複素数の数学が問題になることはないと思うと答えました．かれの第22番目の講義には複素数に関連する代数の素晴らしい手ほどきが含まれています．これなどはその後の多くの講義で，たとえば物理光学などの振動系の解説に，かれがしばしば使っています．

　この計画が始まってまもなくちょっとした問題がもちあがりました．ファインマンには秋学期の第3週まで出張の約束が前からあったというのです．ということは，2回講義ができないということになります．しかし，そんなことはわけない，わたしが代わりをやればいいんでしょう，ということで決着しました．しかし，かれの講義の継続性を失わないようにするために，この2つの講義は別テーマで，学生たちの役には立つけれどかれの講義の流れの邪魔にはならないようなものにしようと思いました．第I巻の第5章と6章が少し違った感じになっているのは，それが理由です．

　しかしながら，大半の部分についてファインマンは1年を通した講義の概略をかれ自身でつくりました．まだ難しい問題が見落とされていないかどう

付録　『ファインマン物理学』はいかにして生まれたか　171

かなど細かいところにまで気を配りながら，かれは残りの学年期間，精力的に準備をすすめていました．そして，9月(1961年の)までには最初の講義を開始する準備を完了させたのです．

新しい物理コース

　最初の考えでは，ファインマンの講義を入門コース2年間の新カリキュラムのスタートとしたいということでした．それは，カルテクの新入生すべての必修コースになります．したがって，それ以降の年は他の教員が2年間ずつそれぞれについて責任をもって，最終的には，教科書，練習問題集，実験計画などをそなえた"コース"に発展させていくというものでした．

　しかし，実際は一連の講義の最初の年から何か新しい形式を考えださなくてはならなくなりました．コースに使用する資料もなく，やりながらつくりだしていくほかありません．たとえば毎週1時間授業を2つやることを考えました——火曜日と水曜日の11時からです．さらに学生には毎週1時間の演習時間が割り当てられ，教員か補助の大学院生が指導しました．また，毎週3時間の実験時間があって，これはネーアが指導していました．

　ところで，ファインマンは講義のあいだ中マイクを首から下げていて，それは別室のテープレコーダーに接続されていました．また，黒板に描かれたものを記録するため定期的に写真がとられました．これらは両方とも講義室担当の技師，トム・ハーベイが受け持ちました．ハーベイはまた折にふれファインマンの講義中の実演実験の手助けもしました．記録された講義はタイピストのジュリー・カルシオにより順次読みやすいかたちに書きかえられました．

　最初の年は，レイトンの尽力で，学生たちが講義のあとですぐ復習できるように，講義ノートをできるだけ迅速にわかりやすいものに編集しました．当初は，このような仕事は演習や実験の面倒を見てくれている大学院生に頼んでおけばうまくいくと思っていたのです．ところが，そうはいきません．というのは，この仕事は院生にとって時間がかかりすぎましたし，また，仕上がったものはファインマンのものというより担当した院生の考えのほうがむしろ多く入っているものになってしまっていたからです．レイトンはただ

ちにほとんどをかれ自身でやることにしました．そしてまた，物理および工学のいろいろな教員を選びだしていくつかの講義の編集を依頼したのです．この計画に沿って，わたし自身もその1年目の講義をいくつか編集しました．

　2年目には少し変更がありました．レイトンが1年生の責任を持ち，講義すると同時にコースの全体的な運営にあたりました．幸いにして，今度は学生たちには前年のファインマンの講義を編集したノートが始めからありました．ファインマンはそのとき2年目の学生に講義をしていました．わたしは，その2年目の学生たちのコースについて細部にわたって面倒をみることになりました．したがって，必要にあわせて講義資料をわたしが編集する責任をもつことになったのです．2年目の講義の内容からして，この問題にはわたし自身が直接手を下したほうがよいと判断したからです．

　わたしはまた，1年目のときにやったのと同じようにほとんどすべての講義を聴講しました．また，学生たちがどう受け止めているかを知るために，演習の時間の1つをわたし自身で受けもちました．毎回の講義のあとでたいがいファインマンとゲリー・ノイゲバウアとわたし，それにときどきひとりふたり加わって学生食堂で昼食をとりながら，その日の講義についての宿題にはどんなのがよいかというような相談をしたりしました．ファインマンは通常演習問題についていくつかのアイディアをあらかじめ持っていましたが，相談の過程でさらにいくつか出てくるという具合でした．これらの演習問題を集めて毎週「問題集」をつくるのはノイゲバウアの責任でした．

講義はどんなものであったか

　講義の聴講をするのはたいへん楽しいことでした．ファインマンは講義の始まる定刻の5分ほど前にあらわれます．そしてシャツのポケットから小さく折りたたんだ紙 ── 23 cm×横13 cmほどの大きさ ── を1,2枚とりだすと，階段教室の前方中央部にある演台の上で皺をのばします．かれはそれをほとんど使いませんでしたが，これがかれの講義用のノートだったのです．（原書第II巻第19章のはじめの部分に演台の後ろに立って講義をしているファインマンの写真がありますが，その演台の上に紙が2枚のっているのがわかります．）ベルがなるとただちにかれは正式に授業の開始を宣言し，講

義にとりかかります．どの講義も注意深く書かれた台本にもとづいた演出です．それは，——通常，導入部，展開部，クライマックス，結末というかたちをとった——明快で，きめこまかく計画されたものでした．そしてさらにかれの時間配分が絶妙でした．定刻通りで1分ずれて授業を終えることはまれでした．階段教室の前面にある黒板の使い方でさえ演出されているようにみえました．かれは黒板のいちばん左の上端から書きはじめて，講義の終わるときには2枚目の黒板の右のはるか下端まで，黒板がちょうどいっぱいになるところまで書いて終わるのです．

しかし何といってもいちばんの楽しみは，もちろん，あの独創的で——明解でかたちの整った——一連のアイディアの展開を見ることでした．

本を出版する決断

われわれははじめのうちは講義録を本にするなどということは念頭においていませんでした．たしか，この講義が始まって2年目の半ば頃——1963年の春——だったと思いますが，そのことを真剣に考えるようになりました．この考えが出てきたのは，1つには他の学校の物理の先生方からのこの講義録を手に入れられないかというような問い合わせに刺激されたこと，そしてもう1つには何人かの本の編集者——もちろんかれらはこの講義が行なわれているという情報をつかんでいただろうし，ひょっとしたら講義録のコピーももっていたかもしれない——から本にして出版することを考えるべきであると勧められ，なんなら自分のところでその出版を手がけたいといわれたことからです．

内部で何回か相談したあと，この講義録はすこし手を加えれば本にできるとの結論に達し，関心のある出版社に提案をしてみようということになりました．もっとも魅力的な回答はアディソン-ウェスレイ社の代理人からのもので，ハードカバー本を1963年9月——出版の決断をしてからわずか6ヵ月後——のクラスに間にあうようにしましょうというものでした．そのうえ，著作権者たちが著作権料を受け取ることを希望しないということを聞いて，それでは，そのぶん本の価格が安くなるようにしますと提案してきました．

こうした素早い出版計画を可能にしたのは，かれらが完璧な制作と編集の

ための内部スタッフ，また写真オフセット印刷にいたるまでの植字関連の設備をもっていたからです．そしてまた，組版スタイルも，やや幅ひろの1列の本文とその片側に少し広めの余白をとるという，当時としては斬新なレイアウトを採用することにより，図や補助的な説明をうまく見せるというくふうもとても効果的でした（［訳注］日本語版も同じスタイルにした）．この組版スタイルの採用によって，図の追加挿入のためにときに本文の文章の並べかえをしなければならないというような煩わしさがなくなる．これは通常はゲラ刷りの段階であれこれやるようなことも，はじめから最終的な仕上がりイメージを意識してページの配置が使えることを意味しました．

　アディソン-ウェスレイ社の提案が他社に優りました．わたしは必要に応じて講義録の訂正や注釈を加える作業，そしてゲラ刷りの校正など出版社とのやりとりの責任をもちました（レイトンはその頃2度目の新入生の教育できわめて忙しい状態にありました）．わたしはまずそれぞれの講義録を明快で正確なものになるよう整理し，最終的にはファインマンに確認してもらってから，何編かまとめて，原稿をアディソン-ウェスレイ社へ送りました．

　最初の何編かの講義録はわりあい早く送り届けることができて，校正のためのゲラ刷りもすぐに届きました．ところが驚きました！　アディソン-ウェスレイ社の編集者は原稿の見慣れない表現を伝統的な型にはまった，つまり教科書的な表現——たとえば「君たちは」を「ひとは」にするといったような表現——にかなりの訂正をしてきたのです．意見の衝突をおそれたわたしは，編集者に電話をしました．われわれとしては，型にはまっていない，会話調の言葉づかいがこの講義に本質的なものであって，相手に直接呼びかける言い方のほうが抽象的な一般的表現より望ましいのだと．担当の彼女はわれわれの考えを理解してくれ，それからはたいへんよくやってくれました——原稿の大半をそのままの表現にしておいてくれました．（それ以後は彼女とは楽しく仕事をさせてもらいました．彼女の名前を思い出せないのが残念です．）

　次のつまずきはもっと深刻なものでした．本のタイトルをどうするかです．あるときこの問題について話し合うためファインマンの研究室にいきました．本の表題は単純に「物理学」あるいは「物理学Ⅰ」というものにし，著者は

ファインマン，レイトン，サンズとしたらどうかとわたしは提案したのですが，かれは著者名にはかなり激しく反発しました．"なんで君たちの名前がはいるのだ——君たちは速記者の仕事をしただけではないか！"というのです．わたしはレイトンとわたしの努力がなければこの講義は本にはならなかったと反論しました．このくい違いはすぐには解決しませんでした．何日かたってからわたしはまたその話を持ちだしました．そして，『ファインマン物理学』：ファインマン，レイトン，サンズ著という妥協案がまとまったのです．

ファインマンの序文

この講義の2年目が終了してから——1963年6月の始めのころ——わたしが自分の研究室にいて学期末試験の採点をしていたところに，ファインマンがしばらく旅行に出る（ブラジルへ行くところだったと思う）というので挨拶をしに立ちよりました．かれは，学生たちの試験の成績がどんな具合かと尋ねました．わたしがなかなかいいよと，たしか平均65点くらいだと答えたと記憶しています．かれの反応は，"それはひどい，もっと良くなきゃ．僕は失敗したよ"というものでした．わたしは，そんなふうに考えるのはよくないと説得しました．平均点というのはたいへん恣意的な——与えられた問題の難易度や，点のつけかたによってかなりちがう——ものであるし，成績評価にあたっては成績分布が妥当な曲線となるように平均値を低くしたりすることもある（もちろんこんなことにはわたしはいまは不賛成ですが）などと言って，かれに納得してもらおうとしました．わたしはかなりの学生は明らかにあの講義から多くを学びとっていると思うと言いました．かれは納得しませんでした．

それからわたしは，『ファインマン物理学』の出版計画のほうは順調に進んでいるところなのだが，何か序文を書いてくれないかとたのみました．これにはかれは興味をもったのですが，かれにはその時間がありませんでした．そこでわたしは自分の机の上にあった口述のレコーダーを使ったらどうか，そうすればきみの序文を書き取ることができると提案しました．そして，2年目の学生の学期末試験の平均点が低いことへの心配を残したまま，みなさ

んご存知の『ファインマン物理学』各巻冒頭にみる「ファインマン序」の初稿が書きあげられたのです．そのなかでかれは"わたしは学生のために大いに役に立ったとは思わない"といっています．上に述べたような経緯でかれに序文を書くようにすすめたのは，わたしに思慮が足りなかったせいだとしばしば反省しています．このファインマンの「序」があるために，多くの教師が『ファインマン物理学』を授業に使わない口実にしているのではないかと懸念しているからです．

第 II 巻と第 III 巻［日本語訳では第 III, IV 巻と第 V 巻］

2 年目の講義録の出版物語は 1 年目とは少々違っています．まず，2 年目が終わりに近づいたとき(1963 年 6 月頃)講義録を 2 つに分割して，別々にしようということになりました．「電磁気学」と「量子物理学」とにです．そしてもうひとつは，量子物理学の講義録のほうは内容を若干補充しようということになったことです．こちらはやや大幅な書き換えをするとはるかにもっといいものになると思われたからです．そのため，ファインマンは翌年の終わりにかけて量子物理学の講義を何回か追加するので，それをこれまでのものと合わせてまとめあげ，第 III 巻として印刷してはどうかと提案してきました．

さらにまた困ったことがおきました．連邦政府が 1 年ほど前にスタンフォード大学に粒子物理学の研究用に 20 GeV の電子線を作り出せる約 3 km の長さをもった線形加速器の建設を認めたのです．これは最新式かつこれまでに建設されたことのない高価なもので，電子のエネルギーとその強度がこれまでのものに比べて格段に大きい，とにかく興奮させられるプロジェクトでした．ところがこれに関連して，1 年以上も前から，新設された研究所，スタンフォード線形加速器センターの所長 W. K. H. パノフスキー氏は所長代理として新しい加速器の建設を手伝ってくれないかとわたしを誘ってきていたのです．その年の春かれはついにわたしの説得に成功し，わたしは 7 月のはじめにスタンフォードに移ることに同意しました．しかしわたしには，『ファインマン物理学』が完成するまで面倒をみるという約束があったので，その仕事の一部を一緒にもってゆくという約束にしました．スタンフォード

に行ってみるとわたしの新しい仕事の責任は思ったより過酷なもので，『ファインマン物理学』の仕事もうまくやろうと思うならば，ほとんど毎晩仕事をしなければならないことがわかりました．しかしわたしは，なんとか1964年3月までに第II巻の最終的な編集を終えることができました．たいへん有能な秘書，パトリシア・プルスさんの助けを得られたことが幸いでした．

その年の5月までにファインマンは量子物理学の講義を何回か行なったので，われわれは第III巻の作業にとりかかりました．大幅な再編成と改訂を行なう必要のある部分があったので，わたしは何回かパサデナへ行ってファインマンと長い時間をかけて相談しました．問題自体は容易に解決して，12月までには第III巻の原稿は完成したのです．

学生の反応

演習時間での学生との討論を通じて，わたしはかれらがこの講義についてどう反応しているかについてかなり明瞭な感じをつかむことができました．多くの学生は，全員ではないにしても，何か特別ないい授業を受けているのだという感覚をもっていたと思います．かれらがさまざまなアイディアに興奮し，また物理学について多くのことを学んで，そのとりこになっている姿をしばしば目にしました．もちろんこれは全員がそうであったというわけではありません．まえにも言ったとおり，このコースは専攻のいかんにかかわらず履修することになっていたので，実際には，むりやり聴かされている学生もだいぶんいたのです．また，このコースの欠点もいくつか明らかになってきました．たとえば，学生たちの中にはこの講義の中の本質的に重要な話と，説明のために引用したような2次的なものとの区別がうまくつけられない学生もときどきいたのです．これはかれらにとって試験勉強をしているときにはとくに深刻な問題でした．

『ファインマン物理学』記念版の序文にデービッド・グッドスタインとゲリー・ノイゲバウアは"……コースに新しさをさほど感じなくなると，正式の履修学生の出席率はおどろくほど少なくなりはじめた"と書いていますが，かれらがどこからその情報を手に入れたかわたしは知りません．またかれら

が"多くの学生はそのクラスを恐れていた……"と言っている証拠がどこにあるのかも知りません．グッドスタインはそのころカルテクにはいませんでした．一方，ノイゲバウアはこの講義に携わっていたメンバーのひとりではありましたが，とき折り，階段教室には学部生はひとりもいなかったよ──大学院生だけだった，というような冗談を言っていました．これがかれの記憶に影響したのかもしれません．わたしは大半の講義を後ろの席にすわってきいていました．そしてわたしの記憶──もちろん年月を経てぼけているところもあるでしょうが──によれば，たしかに20パーセントほどは出席する気のないような学生でしたが，こうした数字は大きな講義の授業ではありがちのことであって，とくにそれで注意を受けた学生がいたという記憶もありません．そしてまた，わたしの演習授業でいやがっていた学生も何人かはいたかもしれないのですが，大半の学生は講義で強い刺激を受けそして熱中していました──もっとも宿題の割りふられることを恐れていた学生がいたかもしれないということは否めません．

　最初の2年間の学生にこの講義がどのような影響を与えたかの例を3つ挙げてみようと思います．最初の例は講義が行なわれていたころのもので，それから40年余りたってはいるのですが，そのときのわたしの受けた印象は強烈なもので，いまでも鮮明に記憶にのこっています．ちょうど2年目の講義が始まったときのことでした，スケジュールの組み方に間違いがあって，ファインマンのその年の最初の講義が行なわれる前にわたしの演習授業が行なわれることになってしまったのです．討論すべき講義を聴いていないし，宿題も出されていないので何について話し合いをしていいかわかりませんでした．そこでわたしは学生たちに前の年の講義──その講義は3ヵ月ほど前に終了していたのですが──の印象はどうであったかをたずねることから始めてみました．何人かが意見を言ったあとで，ひとりの学生が，かれは蜜蜂の目の構造についての話，とくにそれが幾何光学的な効果と光の波動性からくる限界との間の微妙なバランスによっていかに最適化されているかについてたいへん興味をそそられたと言ったのです（第I巻36-4参照）．わたしはかれに，その話をここで再現して言えるかときいてみました．かれは黒板の前に出て，わたしからの助けなどほとんどなしに，その理論の本質的な部分

付録 『ファインマン物理学』はいかにして生まれたか　179

を再現することができたのです．なんと，講義があってから6ヵ月もたって，しかも特別な準備もせずに，です．

　2番目の例は1997年に――講義が行なわれてから34年ほどたって――あの講義を聴き，わたしの演習授業にもでた，ビル・サタスウェイトというかつての学生から受け取った手紙によるものです．この手紙はまったく予期してもいなかったときにきたもので，かれがわたしの古い友人にMITで会ったことがきっかけで，手紙をくれたのでした．手紙には次のように書かれていました：

　　"この手紙は先生ほかファインマン物理学に係わった皆さんにお礼をいうためのものです……．ファインマン博士の序文にはかれがあまり学生の役にたてなかった……と書かれていますが，ちがいます．わたしもわたしの友人たちもあの講義を楽しんで，なんとも独特な素晴らしい経験をすることができたと感謝したものです．そして同時にわたしたちは多くを学びました．わたしたちがあの講義についてどう感じたかの客観的な証拠としては，わたしのカルテク時代の記憶によれば他の通常の講義で拍手が起こったことはなかったのですが，ファインマン博士の講義の終わりにはたびたび拍手が起こったということがあります……"

　最後の例は数週間前のものです．わたしがたまたまヘリウム3の超流動状態の発見で1996年のノーベル物理学賞を受賞した(デービッド・リー，ロバート・リチャードソンと共同で)ダグラス・オシャロフが書いた自叙伝的短文を読んでいたときのことです．オシャロフは次のように書いていました．

　　"カルテクではファインマンがかれの有名な学部授業を教えているというちょうどいい時期であった．この2年続きの講義はわたしの受けた教育の中でたいへん重要な部分を占めている．それらをすべて理解したとはいえないが，わたしの物理学的感覚を醸成するうえでもっとも大きく寄与した．"

あとがき

　わたしはこの講義の2年目が終わったところで突然何か素っ気ないようにカルテクを離れたので，この物理の入門コースのその後の展開をみる機会がありませんでした．したがって出版された講義録が後々の学生にどんな効果があったのかあまりよく知らないのです．『ファインマン物理学』はそれ自体で教科書として使えるものではないということは前からわかっていました．通常の教科書が備えているべき付属物の多くが欠けていたのです．各章のまとめ，例題とその解き方の解説，宿題用問題集などです．この種のものはそもそも勤勉な補助教員が準備すべきもので，1963年以後のコースの責任を持っていたレイトンやローカス・ヴォクトがその一部をやってはいました．わたしはかつてこういったものを追補版として出版するのがいいかもしれないと思ったこともあったのですが，結局それは実現されませんでした．

　大学の物理教育委員会の関係で各地を訪問しさまざまな大学の物理教員に会う機会があったのですが，『ファインマン物理学』をかれらの授業で使うのは適当ではないと考えていた教員にたびたび会いました．もっとも"特別クラス"に使っているとか，通常のクラスの補助用に使っているとかいう話は聞いたように思います．（かれらが答えられないような質問を学生がするのをおそれて，『ファインマン物理学』を使うのを避けていた教員も中にはいるのではないかという印象をたびたびもったと言わざるを得ませんが），いちばんよく耳にしたのは，『ファインマン物理学』は大学院生の資格試験勉強の参考書として大いに役立っているという言葉でした．

　『ファインマン物理学』はアメリカ国内よりは外国でより高く評価されているのかもしれないとも思われました．出版社は『ファインマン物理学』が多くの国——わたしの記憶が正しければ12ヵ国——の言葉に翻訳される契約をしている．そして，高エネルギー物理の国際会議で外国へ行ったりすると，あなたがあの赤本のサンズかと訊ねられることがたびたびありました．そして『ファインマン物理学』が物理学の入門コースに使われているという話もよく耳にしました．

　カルテクを離れた結果として起きたもう1つの残念なことは，それ以後フ

ァインマンおよびグェネス夫人と以前のような親密なおつきあいができなくなったことです．ファインマンとわたしとはロスアラモス時代から同僚として心からのおつき合いをしてきました．1950年代の中頃にはかれらの結婚式にも出席しました．

1963年以降にたまにパサデナを訪れたときにかれらの家に泊まったり，わたしの家族が一緒のときはいつもかれらと夕食をともにしたりしました．そうした中での最後に会ったときにはかれは最近やったガンの手術の話をしてくれましたが，その後まもなく，そのガンはかれの命をうばってしまったのです．

『ファインマン物理学』が出版されてから40年ほどたったいまも，続けて印刷され，買われ，読まれ，そしてあえて言わせていただければ，評価されている，ということはわたしにとってたいへん喜ばしいことであります．

　2004年12月2日　サンタクルズ（カリフォルニア）にて記す

ファインマンへのインタビュー

「1966年3月4日，米国カリフォルニア州アルタデナでおこなわれたチャールズ・ウエイナーによるファインマンへのインタビュー」からの抜粋([訳注]インタビュー当時，ファインマンは47歳，ウエイナーは33歳).

ファインマン 『ファインマン物理学』．例のあれについて話をしようというのかね？

ウエイナー そうなんです．何といっても，あれがあの頃の大きな仕事の1つだったと思うんです．

ファインマン そう．面白いことに，今考えてみると，あれがあの頃のいちばんの仕事だった．そのために，僕はほかの研究を何もやってられないって愚痴をこぼしていた．まったくバカな話さ．僕自身があのために何も仕事ができなかったと思っているのに，他人はそんなことはないよ，あれ(『ファインマン物理学』)はなかなかなもんだと言ってくれてはいるけど．だけど僕はやっぱりそうは思わない．人は若いときには何か理想に向かって突き進もうとする．物理学の分野で何か新しい発見をしたいと思う．そして，何かほかのことをやるとなると，それがほんとに誰かのためになるのかと自分自身を納得させるのに苦労するんだ．(おまえのやっていることは)ただ単に教室で講義をしているだけじゃないのかってね．

いずれにしても，あの講義についての話はこうなんだ．

あの頃，物理学コースの教育方法を改訂すべきという議論をしているグループがあった．僕はメンバーではなかったけどね．というのは，物理を履修している優秀な学生の多くが不満を言っている．1,2年間物理を勉強しても習うことと言ったら球ころとか斜面とかのことばかりだって．

かれらが高校にいた頃には相対性理論とかストレンジパーティクル(素粒子の1つ)とか世の中のいろいろと不思議な話をたくさん聞かされていたの

に，ここでは大学院に進むまではそうした不思議な現象についてなにもやらない，と不平を言っているというのだ．

　というわけで，これは非常にむずかしい問題だが，そのグループは物理コースのカリキュラム改訂をやろうとしていた．そこでかれらはそのためのシラバスみたいなものをまず作った．そして問題はいったい誰がそれを教えるのかとなった．かれらの間でどういう話があったのかは知らない．ともかくマシュー・サンズがここへやってきて，僕がそのコースを教えるということを説得されてしまったわけ．

　だけど，僕はそんなシラバスを無視することにした．もちろん，自分の流儀でやることに決めたんだ．どういうことが問題なのかの全体的な感じはつかめていた．かれらは僕に新入生のクラスを教えること，そして，物理コースの改革を期待していた．それまでは，著名な講師による目玉の講義は何もなくて，いくつかに分かれたグループのそれぞれに大学院生がついて教えていた．その頃1年生全員が同時に集まるのは，自分の専攻とは直接関係のない選択科目みたいな教養的な講義を聴くときだけ．それも週に一度だったか隔週だったかの金曜日に聴くときだけだった．

　ウエイナー　何か歴史的な話とか？

　ファインマン　うーん，いろいろだった．僕もよく話をしたが，かれらの専攻とは関係のない僕自身の研究の話だった．ときにはかれらの専攻の一部に直接関係しているような話をする人もいたが，全体として関連づけされているようなものではなかった．

　そこで，改革グループのメンバーは新たな教育法のラボ(実験室)を作ろうと考えた．新しいラボをでっちあげよう．そして何かそのラボにふさわしい実験を考え出そうというわけだ．これまでのやり方を変えて，大物の教授による講義を少なくとも週に2回はやり，それに，大学院生が面倒をみる復習クラスをいくつか置くというわけ．そして，そのときの講義を僕がやる，とこういう話なんだ．この改革に必要な費用はフォード財団から出ていた．この頃は世の中を改善するためということでたくさんのお金が出ていたんだ．

　というわけで，"わかった，引き受けよう"と言ったんだ．1年間ということでその挑戦を引き受けて，週2回の講義で教えるコースを作ろうとした．

ウエイナー　となると，先生はほかの仕事は，授業も含めて，全部やれなくなる？

ファインマン　そうだよ，実際のところ．自分でも信じられないけれど．家内が，1日16時間，昼も夜も1日中ずっと働き続けじゃないかって言うんだ．僕はいつもここにいてこれのことを考え，悩んでいた．この講義のことをあれこれとね．というのはただ単に講義の材料を揃えるというだけではなくて，いい講義にするようにしなければならないと思ったからなんだ，わかるかなあ．

僕には考えがあった．僕には一種の信条のようなもの，すなわちいくつかの原則があったのだ．まず，後になってあれは間違っていたからと言って，教え直すようなことは，最初からこれは間違いだけどと断っておく．その場合以外は教えない．たとえば，ニュートンの法則は近似でしかなくて量子力学的には間違っているし，相対性理論にも合わないとなれば，僕はそれを最初に言うことから始める．そして，学生たちが一連の話のどこの部分を講義として聞いているのかがわかるようにする．言い換えれば一種の地図のようなものがなければならない．実際のところ僕は，物事の相関関係を表わしたある種の巨大な地図のようなものを作って，僕らが今どの位置にいるのかがわかるようにすることまで考えたことがある．

物理を学習するコースにおけるトラブルの1つは，教えるほうがよく言うセリフにある．ともかくこれをよく勉強しなさい，それからあれもよく勉強しなさい，そういった勉強が全部終了したら，全体のつながりが見えてくるよ，というセリフだ．

しかし"何がなんだか訳がわからなくなっている者のために案内してくれる"地図はない．だから，僕は地図を作ってみようと思った．でも，それは不可能な計画だった．結局，そんな地図は作れなかったんだ．

もう1つ，僕はね，自分の講義は，講義の中に優秀な学生にはよく噛んで味わいたくなるような内容があり，一方，一般的な学生にはすぐわからなくても，できれば理解してほしい内容を含んだもの，そういうものにしたかった．そういうのをなんとか考え出そうとしたんだ．

もう一度原則に戻ってみよう．まず，これは厳密には正しくなくて，次の

段階ではどういうところが変わるのだ，ということをあらかじめ断る．そういうことなしに，厳密には正しくないことを言わない（もう1つ，あのね，いろんな本を見てみると大きな弱点があることがわかってきた．たとえば，ある本では $F = ma$ とまず教えておきながら，少し後のところで摩擦力は，摩擦係数×面に垂直に働く力である……と，いかにもそれらが同じ性質の力であって，同じような意味を持っているかのように教えている（[訳注]日本語版I-168頁参照）．この2つの力には大きな性質の違いがあるのに，それには何も触れていない）．というわけで，これが第一の原則なんだ．

　第二の原則は，**理解できる**はずのものと，それまでに教えたことからは**理解できない**はずのものとの区別をはっきりさせなければならないということ．というのは，いろんな本でよく見かけるのは，たとえば交流回路の周波数に関連した公式を突然，ポンと出す．この公式の話はもっと進んだ内容のもののはずだ．かれらはそれを今のレベルの話の中で導出することはできない．にもかかわらず，"君らが今まで習ってきた知識のレベルではこの公式を論理的に理解できないだろうから，ここでは天から与えられたものだと思うように"とは言わない．

　言い換えれば，何が天下りのもので，何がそうでないのか．そのことを断りつつ，それについてはここでは掘り下げないと，はっきり言うべきだ．僕はいつもこう言う，"これは，こんなことから導きだすことができるのだけど，ここではそこからやって見せることはしなかったよ"と．あるいは，"これはまったく別のことから出てくる話で，ここで君たちが導きだすことはできないんだ．だから心配しなくていいよ"とね．

　というような，わずかばかりの原則なんだ．そこで問題は，平均的な学生にちょうどいいだけでなく，優秀な学生にも興味深い内容にすること．そういうものをあれこれ考えているときにいいことを思いついた．まず，四角いサイコロのようなものを講義室の前に置くんだ．そのサイコロは各面が違った色に塗られている．色はそれぞれの講義の内容の重要性を示す．たとえば，より優秀な学生なら興味をもつが，講義そのものから見れば本質的なものではないような場合には，この色を充てる．一方，物理を学習する全体的な観点から，これを理解しておくことがぜひとも必要なものが含まれていて，全

員が理解しなければならないものには，別の色を充てる，等々という具合だ．重要度，位置づけをそれぞれのテーマについて表わしている色つきの面というわけ．

そもそも，僕がはじめに心配したのは，僕が教えるごちゃごちゃしたことを全部の学生が何でもかんでも理解しようとしたらまずいことになる，ということだった．そんなことをされたら優秀な学生のための内容がおかしくなってしまう．それはやれない．できない学生とかあまり優秀ではない学生を混乱させないようにしながら優秀な学生向きの内容を盛り込むということは不可能なのだ．

というわけで，このサイコロのアイディアを思いついたのだけど，考えてみたら何か小細工みたいな気がして止めにした．そのかわり，すべての講義でどうしても理解してほしい中心的な事柄をまとめとして，黒板に書くことにした．まとめに書いていない事柄はすべて単に話を面白くするためのものということだ．このまとめはもう残されていない＊．

最後に，えーと，ほかにも言いたいことがあったんだけど思い出せないや．

ま，そこで僕は講義を始めることになった．まず最初に，第一番にやりたかったことは，すべての学生たちのレベルを揃えることだった．多くの人は講義をするときの，始めかたがよくわかっていない．講義を始めるときのだいじなことは高校から入ってきたての連中を，おおよそ同じレベルに揃えることだ．

たとえば，万物は原子から成りたっていると話すとする．これは，かれらが知らないだろうからではなくて，知らない学生に知っておいてほしいからだ．だけど，それを露骨には言いにくいだろう，だから，既に知っている学生はそれを聞いて耳新しい考え方だと刺激を受けるように，また，そうでない学生はそのことについて，僕がこれくらい知っていてほしいと思う程度にわかるように話をする．というわけで，最初の何回かの講義は皆を同じような出発点に揃えるためのものなのだ．

＊　ファインマンの講義のまとめは黒板の写真集としてカルテクのアーカイブに記録保存されている．

それから，こういった講義の内容は既にほかの講義，とくに講義の最初の部分でやった内容のものにした．そうすれば後の講義の準備のために十分な時間が使える．それから最後に，あ，もう1つ原則があった．大変重要なものだ．僕はすべての講義はそれだけで独立したものであるべきだと考えた．講義のあとで"時間がきた，この話の続きはまた次回にやる"とか"前回の講義の終わりのところではあれや，これや，それから何やらをやっていたところだった．さあ，その続きをやろう"と言ったりするのはよくないと思った．
　その代りに僕の講義はともかく1回1回の講義で独立した傑作だと自分でも思えるものにしたかった．まず序文，導入部分からはじまって最後に印象的な話で結論に至る，といった流れにするのだ．結局，少々の例外はあったもののそれぞれの講義はそういうものになった．1つか2つの講義でそうはいかなかったのがあったが，そういうのは2つの講義内容を一緒にまとめて続けてやったとかいうようなときで，それはそれでまた，別の原則があったんだ．ともかく今僕が君に話しているのは，こうした講義を作り出すもとになった筋道のことだ．
　最後に，僕の興味の中心は物理学とそれに付随した素材だ．僕はさまざまな素材を組み合わせて，それがどうなるかを考え，そして，何かについての新しい見方を見つけたり，その説明の仕方を考えたりするのが大好きなんだ．それにね，僕はね，学生個人個人のことに関心をもつ教師とは違うんだ．
　というのはね，学生が結婚しているとか，学位をとりたくて，なんていうややこしいことは気にしないんだ．僕は，ある意味で抽象的な学生，すなわち仮想的な性格のさまざまな学生で，特別の人格を持っているわけではない抽象的な学生を教えようとしているわけだ．どんな場合にも，僕の興味の中心は対象だよ，学生ではなく対象だ．そこで学生たちはそれ（講義対象）について，僕がどう思ったかを知りたいというわけだ．ほかに僕に言えることなんてないよ．内容はみんな本に書かれていることだ．だから，それについて僕自身がどう感じ，何をしようと思ったかを学生たちに説明しようというわけだ．

　ウエイナー　そうやっている間に，何か手応えのようなものを感じなかったですか？

ファインマン いいや，まったくなかった．というのは，何が起こっているのか知るすべもなかったからだ．僕は復習クラスを受け持っていなかったし，授業後の質問もなかったからね．質問があれば復習クラスでとりあげることになっていた．というわけで，フィードバックはまったくなかった．時折，指導教員たちが作ってくれる問題でのテスト以外はね．それだって，教員たちは学生にいくつか問題を出して，問題を出された週のうちに答えを書いてくるように仕向けるだけ．それがまた，結果はひどいもので，僕から見るとということかもしれないけど，みんな零点ばかりだ．それで，このカリキュラム改革のプロジェクト全般にすっかり自信をなくしてしまったんだ．ただちにやめてしまおうというわけではないのだけれど，今まで僕がやっていたことがうまく機能していない，無意味だったという思いだった．しかし，なんの，なんの，わが道を行くしかないと思いなおした．僕の知る限り，この方法しかない．だけど，うまくいかない．

ウエイナー 復習クラスに直接関わっていた人たちはどうだったんですか？

ファインマン 直接に関わっていた人たちは僕が学生のことを過小評価している，かれらはそうひどくないというのだけれど，僕はそうは思わなかったし，それは今も変わらない．

ウエイナー この種の講義の効果の評価は，従来のテストという形ではかるのはむずかしいのでは？

ファインマン それはそうだけど，今，君がここで何か結果を得ようとしているとしてみよう．そうしたら，君ならどうする？ 君は，僕がどう思ったかを訊いた．それにうまく答えるのは難しいかもしれないけど，僕としては，学生に今習っていることより簡単な内容の問題にはもっとうまく答えられることを期待した．でも，やっぱり問題が解けなかった学生は，僕の話を理解できていなかったと思うしかないよね．

ウエイナー ところでこの講義はどのくらいの期間やったんです？ 3年？

ファインマン この講義は1年間やった．そしたら，改革プロジェクトのメンバーが2年生も教えろ，と言い出した．そこで，"1年生をもう1回の

ほうがいい．今度は教える内容に沿った問題を作りながら，改良するんだ．主として学生たちにほんとに教えなくちゃいけないような素材を使った問題の改良にね"って答えたんだ．それとまあ，あんまり本質的でないものの改良も少しね．

それでもかれらは僕にしつこく迫った．結果的にはそれでよかったんだけど．

かれらは"これをやれる人は他にはあり得ない．今度の2年生にぜひやってほしい"と言った．

2年生を教える特別な考えを持っていたわけではないので，2年生を受け持ちたくなかった．電気力学をどう教えるかのいい考えを思いつかないでいた．しかし，それまでの一般向きの講義用として僕に与えられた挑戦課題は，相対性理論を説明する，量子力学を説明する，数学と物理の関係やエネルギー保存について説明するというものだった．もちろん，それらについては全部対応したさ．でも1つだけ誰も言ってこなかった挑戦があった．僕自身もそれをどう扱っていいのかわからなかったし，成功したこともなかったので触れないようにしていた．ところが，今度はやり方がわかったように思った．まだ試したことはないがいつかやってみようとね．

それはこういうこと．マクスウェル方程式はどう説明する？　電磁気学の法則を素人や，ほぼ素人に，それにすごく優秀な学生を一緒にしてどう教えるか，それも1時間の授業で？　どうやるんだ？　僕は今までやれたことがない．よし，それなら講義時間を2時間くれ．でも，なんとか1時間でやれという，なんとか2時間あれば．

とにかく今になってみれば，一般の本に比べれば，はるかに独創性のある電気力学の教え方，より強力な方法をなんとか作り上げた．しかし，その頃は何も新しい方法は思いついていなかった．それで，僕のところには役に立つような特別なものは何もないよ，と言ったんだ．それでもかれらは"ともかくやってください"だ．結局説得されてしまって，やることにした．

計画を始めたときには，まず電気力学を教えるはずだった．そしてそのときに使う方程式と同じ方程式で扱える物理のまったく別の分野についてもひき続き教えたいと思った．たとえば，拡散方程式を，拡散現象や，温度など

のさまざまなものに使ったり，あるいは波動方程式を音や光などに使ったり，といった具合にね．

　言い換えれば，あとの半分は物理というよりはたくさんの物理的な例題を取り扱う物理数学といったようなものだ．したがって，数学と同時に物理学を教えることになった．フーリエ変換や微分方程式なども教える．でも一見したところそうには見えない．よくあるような配列には並べてないんだ．物理のそれぞれの分野に合わせてある．要点は，それぞれの多くの分野で使われている方程式が同じということ．したがって，ある方程式を見た瞬間に，ただ単にその方程式のことを云々するだけではなく，関連したすべての分野について語ることができるわけ．僕はそれをやろうと思った．

　ところで，僕はまた別のことも考えていた．そうだ，2年生に量子力学を教えることができるかもしれない．誰もそんなことができるとは思っていない．それができたら奇跡だ．僕は量子力学を教える方法として上下を逆にしたまったく裏表逆の，とんでもない方法を考えていた．それは，まず初めの部分に高等な内容を全部もってきて，一般に初歩的と考えられているようなものを後にするのだ．

　これをかれらに話したところ，かれらはさらに僕に講義をつづけてくれと言ってきた．むしろかれらは僕にそれをやるべきだと言ってきた．僕が話していた数学的な内容はいずれ誰かがやるかもしれないが，今の話はきわめて独特なものなので，ぜひというわけだ．かれらは僕がもう1年やる気はまったくないことを知っていたので，なおさらそういう気になったのだろう．どうしてもその独特な方法をやるべきだと言う．そうしないと，かれらだって，僕がそれをどうやるか永久に知ることができなくなってしまうからね．それは困る．

　実際のところやったほうがいいのかどうか，僕自身にもよくわからなかったが，結局やることにした．それが第3巻の量子力学だ．ただし，第2巻と第3巻を教えるのは，第1巻と同様に1年間の講義だった．

　ウエイナー　ということはまるまる2年間をつぎこんだ？

　ファインマン　そうなんだ．1つは1961年から62年，次は62年から63年だ．

ウエイナー もちろんそれ以降は，昨日おっしゃったように，すっきりした．

ファインマン 少しね．

ウエイナー カルテク以外でも使われるようになったから．

ファインマン まだ，そこまではすっきりしなかったけど，皆はそう言った．僕も次第にそんな気分になれたのかもしれないけれど，本来これはある特別な学生たちに教えるためのものであって，僕がやろうとしたのはそこまでだ．"誰だって墓場の先までも生き続けていられるわけにはいかない．今，目の前にいる，この学生たちに教える，それがすべてだ．これをほかの誰かにとはまったく考えていない"と僕は最初から言いつづけてきた．

それは今でもだいたいその通り．もし，誰かほかの人がこの本を使って講義をしているのを僕が聞けば，さまざまな欠陥やら，間違い，弱点，曲解といったものに気がつくだろう．僕はいつまでも生きているわけではないからどうしようもないのだけれど，だけど中には，講義の話を聞かずに何か勝手なことを考えながらぼんやりと本を読んでいるだけという学生もいるはずだ．

しかし，かれらにも何か得るところがなければならない．だから，何かの役に立っていると思うことができれば全体的に考えて少しは気休めになるかもしれない．ただし僕は特別な学生たちのために，この講義をやることを心に決め，公言もしてきた．そういう意味では，本がどうだとか，あれがどうだとかはどうでもよくて，その学生たちのことだけに関心があったんだ．しかし残念ながら，結果的にはその努力はほとんど報われなかったと思っている**．

** 20年ほど後に，『ファインマン物理学』について，ファインマンは"さまざまなことが含まれていて，より基本的な物理の観点など，おおいにあの本は役に立っている．今となっては，あの本が物理学界にとって役に立っているということを否定できないね"と言っている．

――J. Mehra, The Beat of a Different Drum (1994) より．

レイトンへのインタビュー

1986年10月にカリフォルニア州パサデナでおこなわれたハイディ・アスパチュリアンよるロバート・レイトンへのインタビューより（[訳注]インタビュー当時，レイトンは67歳，アスパチュリアンは30歳代後半）

レイトン　ファインマンの講義は重要な意味を持つものだった．そこでのわたしの仕事は，編集をしたり，ファインマン独特の言い回し「ファインマン語」をふつうの英語に翻訳したりすることだった．とても面白くていろいろな刺激を受ける仕事だったね．

　1960年代のはじめ頃，ちょうどゲリー・ノイゲバウアとわたしが赤外線に注目して，マリナー計画に関心を持つようになった頃，『ファインマン物理学』の話が入ってきたんだ．それはある計画，それにはわたしも直接関わっていたのだけれど，1年生の物理コースの見直しをしようという計画に端を発していた．わたしも，そのやり方については考えをもっていたし，ほかの委員もそれぞれの考えをもっていた．しかし，その議論の途中でマット・サンズが"まあ，いろいろあるけど，ディック・ファインマンに講義をしてもらって，それをテープに録音するのがいい"と言いだした．サンズはその頃カルテクの物理の教授で，とても進歩的な人だった．ロスアラモス計画には若手のひとりとして参加していて，ファインマンをよく知っていたので，サンズがファインマンに話を持っていった．だけどファインマンはうんとは言わなかった．

アスパチュリアン　ファインマンの講義のどういうところに，かれが明らかにこの場合の適任者であるといわせるものがあったんですか？

レイトン　ファインマンは独特なんだ．かれが何かを説明しているときにはとても明快でよくわかったように思えるんだ．すべてが理屈にピッタリと合っていて，聞き終わってからいい気分で引き上げられる．たとえば，"ま

だちょっと説明不足の部分はあったけど，それは後で自分で調べればいいとして，いやともかく，素晴らしい講義だった"なんていう調子でね．それでいて，2時間も経つと中華料理を食べたときによく言われるように，食べたものはみんなどこかへ行ってしまって，またお腹がすいている．何があったのかよく覚えていない，といった調子だ．

それにはわたし自身も経験がある．1950年代の終わり頃，ファインマンがまったくの素人の聴衆にアインシュタインの特殊相対性理論の基本的な部分の話をイースト・ブリッジ校舎の201教室でしていたときだ．もちろん教室はすごく混んでいた．かれは独特なやり方でその難しい問題を，$1-v^2/c^2$ という式がらみのもっとも簡単な形にして説明したんだ．"皆さんは $1-v^2/c^2$ の平方根ということさえ頭に入れておきさえすればいいんです"というわけ．講義の後で出口へ向かっているときに，若い女性が彼女の連れに"かれが言っていることはあまりよく理解できなかったんだけど，でも何だかすごく面白かった"と話しているのが耳に入った．ファインマンはそういう術を心得ていたんだ．

アスパチュリアン かれは目に見えない粒子の説明のときのように，本当にそこに見えるような説明の仕方の講義をしたみたいですね．

レイトン ［笑い］うーん，そうなんだ．物事をほんのわずかな時間だけ現実的な世界へ持ち出しておいて，それがまたわけのわからないもとの海の中へ沈んでいくのを見ているという！

アスパチュリアン 先生たちがやりたいことは，ファインマンを何もしない状態から外へ引っ張り出すことだったんですね．

レイトン そうなんだ．そこでマット・サンズがファインマンのところへ行った．かれは頑固にいやだと言い張っていたが，最終的には同意した．それがかの『ファインマン物理学』の始まり．

レイトン 教えるにあたって，ファインマンはまず学部の物理教育を2年つづきでやることを考えたのだけど，結局3年になってしまった．というのは最初の2年間では量子力学についてところどころで断片的に触れることはしたけれどまともにとりかかるところまで行きつけなかったからなんだ．かれはいきなり原子の話から始めた．それまでのように，原子の話は化学のク

ラスに任せて滑車と紐の話ばかりを1年生に教えるというのは止めた！

かれはいきなり1年生の鼻先に「原子の性質を知ることが物理学とは何かを知ることだ」という事実を突きつけた．それと同時に，テーマごとに講義を分割するのではなく，講義1コマ1コマをそれぞれ独立したものにしようとした．

とはいっても，実際にはそこそこのことしかできなかった．だって，それを理解しようと思ったら，ある程度の数学の知識や数学の物理への応用についての馴れがあらかじめ必要だからね．

いずれにしても，初めのうちは，この仕事をファインマンにやってもらうということはとてもいいアイディアだと思った．しかし実際のところ，この講義は物理に馴染みのある物理屋にはよかったけれど1年生にはそうでもなかった．大半の1年生にとっては，このコースは少々濃密すぎた．20％ほどの学生にとっては理想的で，まさに素晴らしいものだったが，60％ほどの学生には難しかった．かれらからの反応は"率直のところ，こんなこと教えていったい何を覚えろというんだ？"といったものだった．

わたしは1年目の実験とコース全体の調整の責任者だった．また，講義内容を活字に書き起こす作業の責任者でもあった．本の序文にも書いたように，はじめはこの編集作業は大学院生向きの仕事だと思った．"i"の字の上の点を打ったり，"t"に横棒を入れたり，速記者が間違えたかどうかしたと思われる単語を直したりといった仕事と思ったんだ．ところがそうではなかった．

アスパチュリアン　どうして先生が編集の仕事の面倒をみることになったのですか？

レイトン　わたしは物理コースを改革するグループの責任者だった．君が考えても，この新しい物理コースの流れ全体をファインマンに任せっぱなしにしていいとは思わないだろう．かれはその講義をしなければならないから，その準備だけで手いっぱいになる．それと，その講義に沿った実験がある．この新しい講義用の実験は今までの1年生の実験とはまったく違ったものになることを求められていた．いまはもう退職されているネーア(H. Victor Neher)先生が実験の担当だったけれど，わたしは調整の担当者だったから

ね．

　講義はテープに録音された．ファインマンは例の襟につけるコードレスマイクを使った．そして，その速記をとるために若い女性を雇った．彼女は講義を聞いて，それをタイプして，とまさに幸せそのものだった．彼女はよくやってくれた．ところが，6回か8回か講義を聞いて速記をとってもらったけれども，使い物になるものは何もできてこなかった．速記されたものは逐語的に忠実なものだった．しかし，この場合，逐語的ではだめだったんだ．というのは，ファインマンは何でも1回だけ言うということはしなかった．かれは何かを言うと，それを3回半か4回とは言わないまでも，少なくも2回半は繰り返して言う．それが，そのたびに違う言い方をする．そうしておいて，次の話題に2,3分間移る．でも，その間に，かれはまだ前の話題をもう少しうまく説明することができたのではないかと考えている．そして前の話題に戻ってくるんだ．結果は，もう少しよくまとまってはいる．けど，ほどほどにばらついている．わたしは，わたしなりに結論を出すというふうにして第1巻の編集をした．これはかかりっきりの仕事だった．細心の注意を払いながらやらないと人前に出せるようなものはできなかった．

　ある部分でとくに記憶に残っているところがある．ファインマンの本を今見ればきっと見つけられる．ファインマンのところから最初に届けられたものがどんな形のものだったか，君らにも見てほしいものだ．[笑い]

　あれは，ニュートン以前と以後の物理についての話のところだった．ファインマンの言いたいことの要点は，ニュートン以前は暗黒と迷信のたいへんな混乱の世だった．そして以後は，すべて明るく，形の整った，理解のできるものになったということだった．それは確かに正しい．しかし，かれはそれをなんとも文章としては完結しないような表現で言おうとした．かれの説明の中には，動詞のないような文章が含まれていたりしたんだよ！[笑い]

　アスパチュリアン　先生は，この仕事を始めたときファインマンをどのくらいよく知っていたのですか？

　レイトン　今と同じくらいかな．きっと，かれもわたしもある面で社会性がないという点で共通したところがあったんだと思うよ．わたしはね，よほど注意深く，しかも相当長時間努力しない限り人の名前を覚えられない．も

し，誰かの名前をちゃんと整理して覚えておいて，必要に応じて思い出せるようにと思うなら，そのときすぐに頭に入れないとだめなんだ．だけど問題は，人と話をしている最中に誰か他の人に紹介されて，会話がそのまま続いていると，そのかれだか彼女だかが誰であったか，心の外へ抜け出でしまう．それが，今言った悪い癖のひとつなんだが，ファインマンにもその癖があった．かれがMIT（マサチューセッツ工科大学）にいたときに，その間少なくとも1学期の間は同じ部屋に一緒にいたはずの人がいて，その人はあとでカルテクに移ったのだけれど，ファインマンはかれの名前を思い出せなかった！［笑い］

アスパチュリアン 『ファインマン物理学』をファインマンと一緒にやった感想は？

レイトン 速記作業から最初に出てきたものはまったくの生の"ファインマン語"であって，いきなり大まかな訂正をオリジナル原稿に書き込まなければならない．そして，それぞれの講義を一応の清書としてタイプするのに十分と思われるくらい直したものを，例の若い女性に渡してファインマンに見てもらえるような形に清書してもらう．かれはそれを見たり見なかったりだったようだけど，通常はノーコメントだった．ということは，かれはそれに十分満足していたということだろう．

もう1つあるのは，講義は11時に始まって，その後昼食ということになっていた．わたしたちはよく一緒に昼食に行ったけれど，ファインマンは講義のことで何か満足のいかないことがあると，"もっとうまくやるにはどうしたらよかったかなあ？"と言って，質問やコメントがあるのが常だった．いろいろなアイディアが出て，話し合ったよ．講義には教授やTA（ティーチングアシスタント）の学生たちといった他の人たちも出席していた．だから，昼食時間は別に何か決まった話題を話すような場ではなかったけれど，講義についてばかり話をすることもあった．意図的にそうしたわけではないのだけれど，結果的にいって何かアイディアを思いつくにはいい場だった．

アスパチュリアン この講義はもともと，カルテクの学生のために設計されたものですよね？

レイトン うん，そうだ．

アスパチュリアン とはいうけど，外部にも広がった．でしょ？

レイトン 1年生の物理を教えている教師は授業で使うかどうかにかかわらず，皆『ファインマン物理学』の本を持ちたくなる．この講義のプロジェクトはフォード財団の援助を受けていたが著作権料がいくらになったかは知らない．もし著作権料が入れば，それを大学がカルテクの他の似たような活動に使ってもよいというのは契約時に同意されていた．しかし，講義自体にかかわった人たちの誰のところにもいかなかった．この作業は大学としての活動の一環だったので，われわれが権利をもつような著作物とは見なされなかったのだ．まあそれで良かった．ファインマンは"これが良く売れるかどうかは，4,5 年先にわれわれの給料がどれくらい上がるかを見ればわかるさ"と言っていた．[笑い] そして，かれの言った通りだった．われわれの給料ははるかに上がった．かれの給料が上がったのは当然として，他のわれわれは，きっとかれのまわりにいたからだろう．

アスパチュリアン 先生の息子さんのラルフも似たような仕事をしてますね*．それはどうしてですか？ この仕事はご家族にとって特別なことになったとか？

レイトン 何がどういう順序で起きたかよく覚えていないのだけど，ともかく家内とわたしは食事パーティを開くことがよくあったんだ．そこへファインマンは何度か顔を出した．その頃息子のラルフは高校生でドラムに興味を持っていた．大勢の子どもと親たちがいて，いろんな楽器を楽しんでいる音楽好きな家族，ということは，その仲間の人たちもわたしの家に集まることになる．そういう家族たちにファインマンは親しみを感じていた．そうしたあるとき，ファインマンは家の反対側のほうでラルフと友だちがドラムをたたいているのを聞いた．もちろん，ファインマンは中に入っていった．いずれにしても，ファインマンは子どもたちと一緒のほうが気が楽なんだ．ファインマンは自己紹介をし，子どもたちはかれをドラムの仲間に入れた．そ

---

*ラルフ・レイトンは，ファインマンの2つの回想録，『ご冗談でしょう，ファインマンさん』『困ります，ファインマンさん』(以上，岩波現代文庫) の2冊の口述筆記を担当した (これらの原書はいずれも Noton 社から刊行され (1985年, 1988年), 2005年に "Classic Feynman" として1冊にまとめられた)．

こからファインマンとラルフ，それに 2,3 人の飛び入りの友だちから成る，やや定期的なドラムの集まりが始まった．

　わたし自身はファインマンのドラムの腕前をあまり信用していなかったので，あるとき，ラルフに"ファインマンのドラムの腕はどうだい？"と聞いたら，かれが言うには"ううん，かれはよくリズムをとらえるし，それが早いんだ．だけど，ときどきうまくスタートできないんだよ．でも年寄りの割にはとてもうまい"．［笑い］ラルフに，今，腕前について話をしていた人はもしかしたら，宇宙がどうなっているかの全体について，現在世界中の誰よりもいちばんよく知っている唯一の人かもしれないよ，と教えてやった．［笑い］

　いずれにしても，ラルフのほかの音楽友だちはあちこちの大学に行ってしまったけれど，ファインマンとラルフは一緒にドラムを続けたんだ．もし君がファインマンのことに長くかかわっていれば，こういう驚くような面白い話をいろいろ，前後はあるにせよ耳にするだろう．もちろん，聞けば聞くほど驚くような話の数はふえてくる．でも，それはほんとにそうなんだ．無限の壺があって，その中からかれはときによって何か 1 つ引き出すんだ．つまり，話の途中でこれこれのことを思い出すといった具合にね．かれがそういう会話をしているそばに君がたまたま居合わせることがあれば，そういう物語が聞ける．ファインマンが子どものようにラジオをいじくり回していたとか，たとえばロスアラモスで将軍を相手に何やら言い合っていたとかね．ファインマンはそれを限りなく続けられるんだ．1 つのことが，また次のことを思い出させる．それは驚くほどだ．まったく信じられない．

　アスパチュリアン　そこには，伝説的な話の，尽きがたい泉がある．

　レイトン　人によっては，度しがたい，と言うけどね！［笑い］かれらのドラムの集まりのときに，ラルフはこうした話をテープに録音したんだ．そして，それを速記した．最初はタイプライターに，それからわたしのパソコンにとね．ファインマンはこれに好意的だった．ひそかにとったというようなものではまったくなかったしね．ラルフはこう言ったんだ，"こういう物語はほんとに素晴らしいんだけど，僕の指の間から宝石がこぼれ落ちるみたいに消えてなくなっちゃいそうなんです．テープに録音してもいいですか？"

そして，わたしはあるときラルフに"テープを聞かせてくれないかな？わたしの記憶を呼び戻したいんだ"と言った．ということで，テープの中身はほとんど聞いた．ところどころ，誤解しているところもあるのに気がついたけどね．

アスパチュリアン　大半は知っている話だったのですか？

レイトン　まあね．初めてのものは 20% ほどだった．思うに，ラルフとわたしはそれまでお互いに別の仕事をしていて，互いに話し合ったことはなかったけれど，ディック(ファインマン)については同じことを思っていた．すなわち，ファインマンの言ったことについてはできるだけ修正を加えないほうがいい．独特の言い回しを含めてできるだけもとのままにしておくべきだ．繰り返す癖だけは別だけど．物理の講義に関しては，繰り返し部分をかみ砕いて，こう書いたほうがいいと思うように直して，それで良しとする．こういうことについてはラルフにはとても才能がある．だけど，あの仕事は特別で，出版するために何かを書こうということは，ラルフにとって初めてのことだったので，エド・ハッチング(『技術と科学』の編集者)から，編集上のいろんな大切なことを教えてもらった．

アスパチュリアン　続きを出そうという計画はあるのですか？

レイトン　他にもまだ物語はある．また，QED(『光と物質のふしぎな理論』(岩波現代文庫))はすでにできていて，なかなかいい評価を得ている．で，ラルフはまだテープを回していると思う．

アスパチュリアン　あの本(『ご冗談でしょう，ファインマンさん』)にはファインマンについてあまり好ましいとは言えないことが書いてあると思うのですが，ああいうのを省いたらという話は出なかったのですか？

レイトン　いいや．あれがかれなんだ．

ヴォクトへのインタビュー

このインタビューは，ラルフ・レイトンが 2009 年 5 月 15 日にカリフォルニア工科大学(カルテク)で録音したものである．レイトンとマイケル・ゴットリーブがローカス・ヴォクトにインタビューする形でおこなわれた．とくに，1960 年代初頭のカルテクの様子とファインマン物理学を教えたときどんな様子だったかについて尋ねた(感嘆詞が付いているところは，ヴォクトが自分の言っていることについて笑っていたことを表わす)．([訳注]インタビュー当時，ヴォクトは 80 歳，レイトンは 60 歳，ゴットリーブは 49 歳)

レイトン 『ファインマン物理学』の際に，あなたがどういう役割をしておられたのか伺いたいのですが．よろしかったら，あの時代にわれわれを連れて行ってほしいのです．

ヴォクト わたしは 1962 年にカルテクに赴任した．1 年生のコースは 1961 年から始まっていた．したがって，ファインマンの 1 年生コースを一般の人たちが扱える形に翻訳しなければならないことになった最初の年に来たというわけだ．この翻訳がなかなかなものだった！

カルテクがわたしを雇ったときに，物理学科の主任だったカール・アンダーソンに，"わたしは仕上げなければならない大事な仕事がシカゴにあって，10 月の中頃までは手が離せないのです"と言ったら，かれは"問題ないよ，10 月半ばまでは誰かが君のクラスの面倒をみるよ．しかし，来たらすぐに教えてもらうよ！"と言ったんだ．近ごろとは大分違った．忘れもしない，家内のミシェラインとわたしは土曜日の午後にパサデナに着いた．そして，月曜の朝，わたしは教室にいた．でも，わたしには自分が何をやっているのかさっぱりわからなかった！

コースが始まって 2 年目だった．ファインマンは 2 年生の講義を受け持ち，あなたのお父さん(ロバート・レイトン)は 1 年生の講義を受け持っていた．レイトンはたいへん講義が上手で，かれのチームの一員として働くのはとて

も楽しかった．そしてもう 1 つ，われわれ人類が『ファインマン物理学』を教えることができるのかどうかをみるのはたいへんな楽しみだった．多くの人たちは教えることが可能とは思っていなかったのだ！

ボブ(ロバート)・レイトンのもとで，わたしは通常クラスと特待生クラスの両方の復習クラスの TA(ティーチングアシスタント)だった．特待生クラスはなかなかのものだったが，通常クラスはそれほどでもなかった．というのは，通常クラスには生物学専攻の学生などが含まれていて，かれらは物理学なんて習いたいとは思っていなかった！　それでも何とかなった．もちろん特待生クラスに比べるとずっと難しい挑戦だったけどね．特待生クラスははるかに教えやすかった．かれらは皆，自分のやるべきことを自分でやった．わたしを必要としなかったんだ．

レイトン　ちょっとおかしな言い方だけど，いい学生を持ったときには自分はいい教師だと思う！

ヴォクト　その通り．あの頃 TQFR(Teaching Quality Feedback Report：教員評価報告)というのが全教員に課せられ続けていて，わたしも自分自身のを読んでみた．そしたら，"かれはなかなかよくやっている．しかし『ファインマン物理学』みたいないい教科書があれば誰だってやれる！"と書いてあったんだ．だから，当時学生たちは，あれはいい教科書だと思っていたんだ．後年，カルテクの人たちは，『ファインマン物理学』は本当は教科書としてはよくないと言うようになった．しかし，どれだけ多くの人たちが与えられた教科書と併せて，あれを読んでいるかと思うと驚異的だよね．ということは，『ファインマン物理学』は滅びていないということだ．カルテクでは，まだまだ教科書でなければならないんだよ．この話はこれで終わり！

ともかく簡単なことではなかった．というのはファインマンの魅力とか人を引き付ける要素とか誰も持っていなかったからだ．あれは，誰も真似できない．しかし，わたしが 2 年目に 1 年生の講義をすることになったとき(ボブ・レイトンの後任として)，わたしはいつも次のような課題を出した．『ファインマン物理学』のこの章を読んできなさい，そしたら**それをもとにどうするか**を教えるとね．わたしとしてはファインマンのオウム返しをしたくなかったからなのだが，これはうまくいった．さらに次のようにも言った．

"君たちがバイブルをただオウム返しに読むことは意味がない．あれはあれでしっかりとまとまったものになっている．わたしが教えられるのは，そこから先，あれをもとにどうするかだ"．具体的には，学生たちに指示した章の内容に関する例やその応用，またはそこから発展する話題，ときには内容の解釈などについても話した．なぜ解釈にふれたかというと，『ファインマン物理学』はときによってかなり高度の内容だったからだ．こうしたことはおおむねうまくいったようだった．

わたしがカルテクへ移って2年目に，どうして『ファインマン物理学』を受け持つことになったかは気になるだろう．10月初めのある日，ボブ・レイトンとたまたま出くわしたら，かれが突然，"ロビー，わたしのクラスを引き継いでほしいんだけど"と言ったんだ．

"どういうことですか，ボブ？"，わたしは気になってそう尋ねた．

かれは，"サバティカル（特別休暇）をとらないといけないんで，アリゾナ州のキットピークへ行くことにしたんだ．そして，君にファインマンコースの後を引き受けてもらうことにした"と答えた．そういうことがあり，ボブ・レイトンは『ファインマン物理学』の講義を，わたしに引き継がせようとしているということが知れ渡った．

マット・サンズはそれを知ったとき，怒りを爆発させた！　わたしは今でも覚えている，かれがボブ・レイトンとかれの部屋でその話をしていたときのことを．マット・サンズは部屋から出ると，大きな声で誰にともなく叫んでいた．"ボブ・レイトンは気が狂った！　かれはおかしい！　かれは，あの青二才の助教授に『ファインマン物理学』のコースを引き継がせようとしている！　これは狂気の沙汰だ！　わたしは反対だ！"．サンズはこのプロジェクトに深く関わってきただけに，本当に興奮していた．かれはボブ・レイトンを信用してはいたけれど，わたしの名は聞いたこともなかったのだ．

いずれにしても，わたしは『ファインマン物理学』コースの最初の講義を1963年の10月21日にやった．それから，いくつかのことが起こった．わたしは12月の学期の中間休みの間にインドで開かれる学会に出るつもりだったので，黄熱病の予防注射と腸チフスの予防注射を受けた．そして，腸チフスの注射を受けたら高熱を出してしまった．10月の20日には高い熱だっ

た．その上，家内のミシェラインが最初の娘ミシェレをその日に出産した．というわけで，10月20日の夜は，娘が生まれるのを待って病院で過ごすことになったのだ！　だから，その日は2,3時間の睡眠と，高熱と，『ファインマン物理学』の最初の講義と，何とも言えないスタートだったよ．

ところで，君のお母さんのアリスは素晴らしいことをしてくださった．彼女は電話をかけてきて，こう言ったんだ，"ボブがファインマンのコースをあなたに押し付けて申し訳ないと思っているんですよ．それにお子さんが生まれるのでしょう．だから，おむつの配達サービスを申し込んでおいたわ．これであなたも少しは助かるのではないかしら"．確かに，助かった．

いずれにしても，さっき言った通り，わたしとしては『ファインマン物理学』を教えるのはとても楽しかった．それは学生たちがとても優秀だったからだ．少し時間をやればかれらはそれを使って何かいいことをする．思うに，かれらはファインマンの下にいるより，わたしの下にいたほうがより多く何かをやれたのではないか．それは，ファインマンの他にもう1人『ファインマン物理学』の応用について教える人がいたことになるからだ．

知っているかもしれないけれど，ファインマンが講義をしているときのTAの半分以上は教授たちだった．しかし，わたしが講義をしているときでさえ，復習クラスには数人の教授たちがいた．そして，わたしのTAの1人にトミー・ローリッセンがいた．トミーはずいぶん助けになってくれた．かれはいつも講義に出てくれて，あれは良かったとか，もう少し変えたほうがいいとかとわたしに教えてくれたんだ．TAであることは『ファインマン物理学』の講義をやる準備として必要なことだと思ったよ．わたしが2年間『ファインマン物理学』の講義をやった後で，トミーがわたしの後任になった．かれが次の『ファインマン物理学』の講師になったのだ．

わたしがボブ・レイトンの下で復習クラスを教えているときに，ファインマン物理のコースにはずいぶん馴染むことができた．その背景なしで，単純にやったらいい仕事はできなかったと思う．わたしはTAとして，学生が何を必要としているかを学んだ．どうやればかれらとうまくやれるか，どういうのは駄目なのかということをね．講師をやっているときでさえ，学生がどうやっているか，何かもっとうまくやれる方法はないかを知るために，いつ

も講義に並行して復習クラスを教えていた．10人から20人の小さなクラスのときは得るところが多かったけれど，講師として講義をしているときは，学生たちはノートをとったり，講義を聴いたりするのに忙しくて，わたしとしては得るところはほとんどなかった．ときどき授業終了後に少し残っていることがあったけど，たいして変わりはなかった．しかし，学生たちに宿題を出して，それについて話し合いをすると，かれらが物理学をほんとうにやれるのかどうかがわかった．

宿題について言えば，わたしには最近のやり方とは違う1つの原則があった．すなわち，最近は解答のプリントを宿題の提出日に学生たちに配る．あるいは去年配布したプリントを配る．というのは同じ問題をまた使う場合が多いからだ．しかし，わたしはこのやり方にはまったく反対だ．これは心理的な問題なんだが，何か壁に突き当たって，もうそこからどうしていいかわからなくなると，当然その障害を乗り越えるため答えを見たくなる．そして間もなく，以前，あるいはそれ以前の問題の解答を見ようとする．そこでわたしは，わたしの原則を作って学生にはっきりと示した．わたしはこう言った，"まず，自分1人だけで宿題をやってみる．そこで，もし20分かかってもまだどうしていいかわからないときは，ほかの人たちのところにいって聞く．それを遠慮する必要はない．ときによっては，何だかうまくいかないということがあるものだ．何か大事なことが抜けているということはよくあるんだ．訊かれた誰かが何かちょっと教えてくれれば，やり方がわかる．しかしいったんその問題の意味がわかったら，自分の部屋に戻って自分自身で解答を書きあげなさい．他の人の解答を写さないこと"．

この原則には3段目があった．わたしは"グループで考えて30分かかってもわからないときは，わたしに電話しなさい"と言ったんだ．ところが，学生がいつ，宿題をやるかということを計算に入れていなかった．あげくのはて午前2時か3時に電話がかかってくることになった．"僕たちにはお手上げです！　もう，**1時間**もかけているんですが，どうにも解らないんです！"といった具合．

ゴットリーブ　わたしだったら，そこでこんな問題を出しますよ．"教授に電話をするのに失礼にならない最も遅い時刻は何時だと思うか？"［笑い］

ヴォクト 実際のところ，かれらがそうしてくれたことは有難かった．若いときには，朝3時に起きて，15分ほど学生と話をして，また寝るというのは別に大したことではない．とくに，いずれにしてもほかの部屋で子どもが泣いているなんていう場合にはね！ 少なくとも，学生の問題に関してはどうすればいいかわかっていたんだが，赤ん坊が泣いている場合，これはどうしていいか**まったくわからない**！

ところで質問の初めに戻って，ファインマンコースでのわたしの役割についてだったね．わたしは，ファインマンと学生の間の通訳というか仲介役というか，間を取り持つ助手のようなものと思っていた．もう1つの役割は，ボブ・レイトンに関連した練習問題がらみのものだ．かれは大きな影響力を持っていたんだね．というのは，かれには例の講義をこともあろうに，**わたしにやらせることに決める力があったくらいなんだから**！ かれはよくこういう言い方をした．われわれがA, B, Cといった問題を作っていたときに，"もう2つ3つAかBの問題が要る"．通常わたしたちはCの問題はたくさんもっていた．Cはいちばん難しい問題なんだ！ いつもかれは何が抜けているかを知っていた．ときには自分で問題を考えつくこともあったが，かれはこう言った，"ロビー，何か2つ3つ問題を考えてよ．君ならやれる"．これがかれ流のやり方だった．誰でも何かをやる力はもっている．かれらに必要なのはそれをやる動機だけだと，ボブは信じていた．かれはわたしに強制したのではない．ただ，わたしに当然のことをやる気にさせただけなんだ．

何年か後に，わたしはちょっと"インチキ"をして，他の人の問題を使ったことがある．わたしの崇拝する人のひとり，ヴァル・テレクディの書いた電子の g 因子の計算についての重要な論文がある．これはイタリアの物理学雑誌『ヌオヴォ・シメント』(Nuovo Cimento)に掲載されていた．たしか65ページのとても難解なもので，その大半が数学だった．わたしはこのとんでもない論文にざっと目を通して，"これを読み終えるのはひと仕事だ！"と思ったくらいだ．ところがここで，ファインマンの2年生の講義の量子力学の部分を思い出したんだよ．これと同じ問題を『ファインマン物理学』で解くことができることに気づいたんだ．さっそく2年生に，この問題を宿題として出した．"電子の g 因子を計算せよ"とね．

半数以上の学生が問題を解くことができた．もちろん，ちょっとできすぎの話ではあるけれど．だって，ファインマン流の量子力学のやり方がどんな問題にも使えるというわけではないからね．でも，この場合のようなある種の物理の問題にはすばらしい応用力を持っている．学生たちがどんなに自信を持ったことか想像できるかね．あのテレクディが厖大な数学を使って65ページを費やした物理の問題を1ページ半で解いたんだ！　かれらは当然，ファインマンの量子力学はすごくエレガントだと思った．事実その通りだね．

* * *

もう1つ，思い出した．ファインマンのコースを教えていた初めの頃のことだ．毎週，水曜日には6人から10人くらいの物理屋が一緒に昼食をとった(弁当を持ちこむか，パサデナ市内のメキシコ料理店ミヤレへ行った)．その中にはボブ・レイトン，ゲリー・ノイゲバウア，トミー・ローリッセンなどもいた．こうして皆が昼食で一緒になるといつも教え方の話になった．何がうまくいった，何がだめだった，あれはもっとうまくやれたはずだなど．よりよい教師になるためにお互いによく支え合い，助け合った．また，金曜日の午後にはローリッセンのところに大勢集まってマティーニを楽しみながら，気楽に話し合った．われわれの話題は主として学生と教育だった．研究について話すこともなかったわけではないが，みんなそれぞれが別々の研究をやっていて，その研究がいかに素晴らしいかについてはそれぞれの意見を持っていたからでもある．もちろん，それぞれ自分の研究分野が最も素晴らしいと思っていたのは当然だが，教えるということになると，いろいろ参考になるのでほかの人たちがやっていることには興味が湧いてくる．そうしろと誰が言ったというわけでもなく，1960年代初頭のカルテクの雰囲気の中で自然にそうなった．

こうしてファインマンのコースは始まった，とわたしは思っている．ローリッセンのところで飲みながらだ．かれらはいつも教育を改善するにはどうしたらよいか話し合い，そのなかで，マット・サンズはファインマンを引っ張り込もうというアイディアを思いついたのだと思う．

大学というものをどうすれば実りの多い，信頼し合える場所にすることが

できるかには，こういった集まりが大切なんだとわたしは思った．もちろん学生のためにの話だが，教員間の繋がりを深めるという意味は大きい．われわれは研究のためではなく，学生のために一緒になったのだ．もちろん個人的な繋がりももった．トミーはよく，わたしの研究室にきて"何をやっているのか"と尋ねては，いいサジェスチョンを与えてくれた．まあ，これは通常1対1のときだけどね．

　こうした学生に対する教育の話は通常の大学活動の一部だった．わたしが講義をしたときには，通常3, 4人の教授がイーストブリッジ校舎のあの大きな講義室201の後ろの席に座っていた．かれらがわたしを信用していなかったとか，何かスパイをしていたからというの**ではなくて**，わたしがどうやって教えているかに興味があって，何かそこから得るところはないかという目的だった．学科主任のカール・アンダーソンでさえ2度に1度の割合で出ていたが，おかげで，わたしはみんなからいろいろ意見を聞くことができた．それが，ファインマン精神なんだ，わかるだろう．ファインマンが講義をするときには後ろの席は教授たちで**いっぱいになるんだ**．それで，ほかの普通の人が講義をするときにも，聞きに来るような習慣になった．わたしみたいな退屈な人間のときにもね．それは，1つのパターンのようになっていた．これは大切なことだ．残念に思うのは，あの精神が今では見られないことだ．

　最後にもう1つ．あの頃わたしは自分の講義のすべてに責任を持っていた．すべての宿題をわたしが出した．わたし自身がテストの質問も作った．学期末試験もわたしが作った，自分自身で．誰かが**わたしの代わりをする**ということはなかった．わたしも，誰にも頼もうと思わなかったが，それは何を質問したらいいか，わたしのほうがよく知っていると思ったからだ！　それに加えて，特待生クラスを教えたこともあるし，さらに1年生の実験も教えた．これは，あの頃の通常の教科だった．今ではあの頃の4分の1くらいになっていると思う．今では教授は1つのクラスを1年間に2学期間教える．今，わたしは客観的な立場にいるから言えることだが，今日ではわれわれがあの頃にやったことはもはや通用しないだろう．今日では，教授は研究をしたり，研究を維持する費用を確保したりするために多くの時間を費やさなければならないからね．それはまた，別の話だけど．

演習問題解答

1-1
$F_P = \dfrac{1}{\cos a}$ kg 重
$F_W = \tan a$ kg 重

1-2
$A = \left(\dfrac{1}{2} + \dfrac{\sqrt{3}}{2}\right)$ kg 重
$B = \sqrt{\dfrac{3}{2}}$ kg 重

1-3
$F = W \dfrac{\sqrt{h(2R-h)}}{R-h}$

1-4
（a） $a = -\dfrac{1}{2}\left(1 - \dfrac{1}{\sqrt{2}}\right) g$
（b） M_2, $t_1 = \sqrt{\dfrac{2H}{g\left(1 - \dfrac{1}{\sqrt{2}}\right)}}$
（c） しない.

1-5
$\theta = 30°$

1-6
2 トン重

1-7
$\theta = 30°$

1-8
$W = \dfrac{4w}{\sin \theta}$

1-9
$v = \sqrt{2gH}$

2-1
1.033

2-2
（a） 緯度 0
（b） $r_s = \dfrac{1}{9} r_{em}$

3-1
（a） $t = 1843.8$ s
（b） $v \approx 1385$ ft s^{-1}

3-2
≈ 155 s

3-3
下

3-4
$e \approx 0.98$

3-5
14.8 m s^{-1}

3-6
（a） 52.5 mi/時
（b） 2.75 ft s^{-2}

3-7
$a_J = \dfrac{8}{9} a_R$

4-1
$T = 25$ N

4-2
$F = \dfrac{M_2}{M_1}(M + M_1 + M_2)g$

4-3
$g = \dfrac{v^2(2M + m)}{2mh}$

4-4
（a） $a_{up} = g/3$
（b） 280 lb

4-5
$m_B \approx 5.8$ kg

5-1
$m_2/m_1 = 3$

5-2
（a）動く
（b）北に向かって
（c）$V = 5 \times 10^{-4}$ m s^{-1}

5-3
$F = \mu v(v+gt)$

5-4
$V = x\dfrac{m+M}{m}\sqrt{\dfrac{g}{L}}$

5-5
$\Delta v \approx v\dfrac{f}{4}$

5-6
$F_{\rm R} = 5.1 \times 10^{-3}$ N
$F_{\rm R} \propto -v^2$

6-1
方法 (2)，4.0 分だけ．

6-2
$\dfrac{t_{\rm V}}{t_{\rm A}} = \dfrac{V}{\sqrt{V^2-R^2}}$
$\dfrac{t_{\rm A}}{t_{\rm L}} = \dfrac{t_{\rm V}}{t_{\rm A}}$

6-3
$T = 2\pi\sqrt{\dfrac{H}{g}}$

6-4
（a）北へ
（b）0.17 時間

7-1
$\theta_{\max} = \sin^{-1}\dfrac{m}{M}$

7-2
$\left.\dfrac{\Delta T}{T}\right|_{\rm lab} = \dfrac{(1-\alpha^2)m_2}{m_1+m_2}$

7-3
$\dfrac{M}{m_{\rm p}} = 9$

8-1
$a = -\dfrac{g}{8}$

8-2
$v_0 = 595$ m s^{-1}

8-3
51.8 マイル/時

8-4
加速している．
$a = \dfrac{g}{\sqrt{3}}$ m s^{-2}

8-5
（a）$\sqrt{3}\,W\sin\alpha$
（b）$\varphi = 60°$

9-1
$x_0 - x = x_0 - v_0\sqrt{\dfrac{m}{k}}$

9-2
いたるところ

9-3
$v_\infty \approx 3.9$ mi s^{-1}

9-4
$H = \dfrac{1}{2}R$

9-5
$v = \sqrt{\dfrac{gL}{2}}$

9-6
$\dfrac{R}{3}$

9-7
7.2 m s^{-2}

9-8
≈ 625 J
≈ 570 J
≈ 330 J

9-9
放物線軌道で逃げる．

10-1
$v' = \dfrac{\lambda}{\tau} v$
$a' = \dfrac{\lambda}{\tau^2} a$
$F' = \dfrac{\mu\lambda}{\tau^2} F$
$E' = \dfrac{\mu\lambda^2}{\tau^2} E$

10-2
周期 T は k に独立.

11-1
(a) $p = \dfrac{T}{c}\left(1 + \dfrac{2m_0 c^2}{T}\right)^{1/2}$
(b) $\dfrac{v}{c} = \dfrac{\sqrt{3}}{2}$

11-2
$T_\mu = 4.1$ MeV
$T_\nu = 29.7$ MeV
$p_\mu = p_\nu = 29.7$ MeV/c

11-3
(a) $c/2$
(b) $\dfrac{4}{\sqrt{3}} m$

11-4
$E_\gamma = 4m_\mathrm{p} c^2$ (3.8 GeV)

12-1
$x = 1.7$ cm

12-2
$y = \dfrac{1}{2} x$

12-3
$h = \dfrac{a}{2}(3 - \sqrt{3})$

12-4
$x = \dfrac{M_1 L}{M_1 + M_2}$ (M_2 より)

12-5
$n = a$

12-6
$M = 4.0$ lb

13-1
$I = \dfrac{ML^2}{12}$

13-2
$a = \dfrac{mg}{m + \dfrac{M}{2}}$

13-3
$F = \dfrac{Mg}{4}$

13-4
$V_0 = r\sqrt{\dfrac{2Mgh}{I + Mr^2}}$

13-5
$a = 2g \sin\theta$

13-6
$h = \dfrac{3d}{2} - 3r$

13-7
$D = \dfrac{12 V_0^2}{49 \mu g}$
$V = \dfrac{5}{7} V_0$

13-8
(a) $V_0 = \dfrac{2}{5} R\omega_0$
(b) $V_0 = \dfrac{1}{4} R\omega_0$

14-1
(e)

14-2
(a) 手放す前.
(b) $V_\mathrm{CM} = \dfrac{l}{2}\omega_0$, $\omega = \omega_0$
(ここで l は紐の長さ)

14-3
$V_\mathrm{CM} = \dfrac{v}{2}$
$L = \dfrac{mvR}{2}$

$\omega = \dfrac{v}{3R}$

$\text{K. E.}\big|_{\text{前}} = \dfrac{mv^2}{2}$

$\text{K. E.}\big|_{\text{後}} = \dfrac{mv^2}{3}$

14-4

（a）$\dfrac{v}{2}$

（b）$Mv\dfrac{L}{4}$

（c）$\dfrac{6}{5}\dfrac{v}{L}$

（d）20%

14-5

$V = \sqrt{8gL}$

14-6

$\Omega = \dfrac{I_2}{I_1 + I_2 + M_2 r^2}\omega$

14-7

$J = M\sqrt{\dfrac{\pi gLn}{3}}$　（n は整数）

14-8

（a）$\omega = \dfrac{I_0 + mR^2}{I_0 + mr^2}\omega_0$

（c）$v = \omega_0\sqrt{\dfrac{I_0 + mR^2}{I_0 + mr^2}(R^2 - r^2)}$

14-9

$T \sim 27\ \text{N m}$

訳者あとがき

『ファインマン物理学』は 1961-1962 年にカリフォルニア工科大学(カルテク)においてファインマンがおこなった講義に基づくものであるが，その序文の中でファインマンは次のようなことを述べている：

「1 年目に，どうやって問題を解くかという講義を 3 回したのだけれども，それはこの本に入っていない．また慣性航法についても講義が 1 回あって，これは回転系の講義のあとにつづくものであるが，しかしこれは残念ながら省いた．」

本書はこうして省かれた 4 つの講義を編集して『ファインマン物理学』を補完するために出版された(2006 年)．第 5 章は演習問題である．

本書は，理工系志望であるにもかかわらず，大学での物理の授業にどうもうまくついていけないというような学生に，まずは微積分について，その基礎を徹底的に暗記せよ，またベクトルはこういう見方をすると納得できる，といったいわば"物理になじむためのコツ"のようなものから始まる．そしてまた，やや難解な回転系の話については，身近にあるジャイロや天体の話題をとりあげて懇切丁寧に説明し，学生たちの興味をそそるようにさまざまな工夫が凝らされている点も本書の面白いところだ．

ジャイロスコープはその後，レーザー光線を利用したものや，振動子を利用した小型のものなどが開発されている．航空機では現在もなお必須のもので，さらにロボットの姿勢制御，カメラの手振れ防止，カーナビなどに広く使われている．

絶えず学生あるいは読者に語りかけ，新しい考え方を伝えようとするウィットとユーモアにあふれたファインマンの名講義の調子を訳文のなかでも伝えるべく努力したつもりだが，その成果はどうであろうか．

なお，『ファインマン物理学』の成り立ちに深くかかわったマシュー・サンズによるくわしい回顧録も本書に含まれているが，"物理学"の入門コー

スの教え方に対するファインマン自身および関係者の情熱と努力の経緯が語られている．

　本書を翻訳するにあたっては全体を川島が訳し，戸田がそれを原書とつき合わせていくらか注文をつけた．また，編集部の吉田宇一氏のご努力に深く感謝したい．

　2007年4月

戸田盛和
川島　協

索　引

英数字

K. E.(運動エネルギー)　36
P. E.(位置エネルギー)　37
PSSC 計画　165, 166
3 点推量法　29

ア 行

アルファ粒子　75
イオン推進ロケット　86
位置エネルギー　37
位置ベクトル　18
渦巻き星雲　134
運動エネルギー　36
運動量保存の法則　34
衛星の運動　69
エネルギー保存の法則　35, 71

カ 行

化学エンジンロケット　85
角運動量　133
角運動量保存の法則　135
加速度計　116
慣性航法　98, 125
慣性主軸　129
慣性モーメント　130
完全弾性衝突　37
ケプラーの法則　63, 70
原子核の発見　75
光子推進ロケット　89

サ 行

歳差運動　100

仕事率　54
ジャイロコンパス　104
ジャイロスコープ　98
ジャイロスコープの設計　107
人工地平線装置　101
数値積分　82
静電陽子線屈折器　90
積分　11
線積分　21, 22
船舶用ジャイロスコープ　102
速度ベクトル　19

タ 行

楕円軌道　70
脱出速度　61, 69
地球の自転　125
地球の章動　132
電位差　93
導関数　8

ナ 行

内積(ベクトルの)　17
内部運動　36

ハ 行

パイ中間子の質量　94
バネの位置エネルギー　42
非相対論的な近似　35
微分　7
非保存力　39
フィードバック制御　111
物理学の法則　33
ベクトル　12

ベクトルの導関数　20
ベクトルの内積　17
ベクトルの微分　18
ベクトルの和　13
方向ジャイロ　99
保存力　38

ポテンシャル　40

マ・ヤ・ラ 行

摩擦力　42
ラザフォードの方法　78
ロケット方程式　79

訳 者
戸田盛和
1917-2010年．1940年東京帝国大学理学部物理学科卒．
東京教育大学教授，横浜国立大学教授などを歴任．

川島 協
1932年生．1957年カリフォルニア工科大学物理学科卒．
東海大学名誉教授．

ファインマン流 物理がわかるコツ 増補版
ファインマン，ゴットリーブ，レイトン

2015年4月22日　第1刷発行
2015年6月15日　第2刷発行

訳 者　戸田盛和　川島 協
　　　　　　とだもりかず　かわしまかなう
発行者　岡本 厚
発行所　株式会社 岩波書店
　　　　〒101-8002 東京都千代田区一ツ橋2-5-5
　　　　電話案内 03-5210-4000
　　　　http://www.iwanami.co.jp/

印刷・三秀舎　カバー・半七印刷　製本・三水舎

ISBN 978-4-00-005968-8　Printed in Japan

ファインマン物理学(全5冊) B5判 並製
ファインマン，レイトン，サンズ

物理学の素晴らしさを伝えることを目的になされたカリフォルニア工科大学1,2年生向けの物理学入門講義．読者に対する話しかけがあり，リズムと流れがある大変個性的な教科書である．物理を学ぶ学生が必読の名著．

I	力　　学	坪井忠二 訳	本体 3400 円
II	光・熱・波動	富山小太郎 訳	本体 3800 円
III	電磁気学	宮島龍興 訳	本体 3400 円
IV	電磁波と物性[増補版]	戸田盛和 訳	本体 3800 円
V	量子力学	砂川重信 訳	本体 4300 円

―――― 岩波書店 ――――

定価は表示価格に消費税が加算されます
2015 年 5 月現在